Yorkshire Terri[illegible]
Zwerge mit Löwenherz

Carmen Bauer

HINWEIS

Das vorliegende Buch ist sorgfältig recherchiert und nach bestem Wissen und Gewissen erarbeitet worden. Dennoch erfolgen alle Angaben ohne Gewähr. Die Autorin kann keinerlei Haftung für eventuelle Schäden übernehmen, die aus den im Buch gemachten Hinweisen resultieren.

http://www.drcarmenbauer.com/

Herstellung und Verlag:
Books on Demand GmbH, Norderstedt
ISBN 9783842352049

Jack, Susi und Mini – die Hauptdarsteller dieses Buches

Jack, mein Deckrüde, 8 Jahre alt

Susi, die schon etwas ältere Hundedame – klein, aber oho!

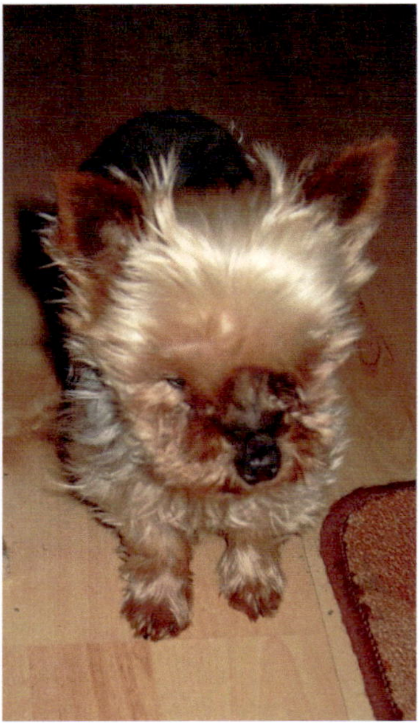

Mini, unser Hundebaby, inzwischen 1 Jahr alt, zeigt allen, wer das Sagen hat.

Danksagung

Mein besonderer Dank gilt Samuel und Eva Phillips, die Jahrzehnte lang „Crombells“ Yorkshire Terrier gezüchtet hatten, und ohne die dieses Buch nicht möglich gewesen wäre.

Inhaltsverzeichnis Seite

TEIL I

Jack, Susi und Mini 5

Yorkshire Terrier – verschmust und verspielt 15

Kleine Dickschädel – zierlich und robust 23

Kleine Hunde mit großem Appetit 31

Kein Haarwechsel aber regelmäßige Pflege 38

Treue Gefährten,
die man überall hin mitnehmen kann 43

Auch kleine Hunde brauchen Auslauf 46

Yorkshire Terrier – klein, aber oho! 49

Ursprünglich Ratten- und Mäusefänger –
Die bemerkenswerte Karriere des Yorkshire Terrier 53

Geschichtliches 56

TEIL II Seite

Wissenswertes und Nützliches - praktische Tipps und Hinweise

Charakter 59

Standard 61

Erziehung und Training 62
- Stubenreinheit 63
- Leinenführung 66

Täglicher Auslauf 67

Futter 67

Gesundheit und Tierarzt 70
- Gesundheitliche Probleme und Krankheiten 71
- Medizin verabreichen 73

Pflege 74
- Zähne 76
- Fellpflege 76

Welpen 77

Anschaffung und Kosten 79

Urlaub mit dem Yorkshire Terrier 80

Summa summarum 83

ANHANG 85

Jack, Susi und Mini

Hätte mir jemals jemand gesagt, dass ich eines Tages einmal Besitzerin von Yorkshire Terriern wäre, dann hätte ich lauthals gelacht. Yorkshire Terrier, diese kleinen niedlichen Hunde mit dem roten Schleifchen im Haar, konnte ich mir nun beim besten Willen nicht vorstellen.

Ja doch, ich wollte immer einen Hund. Ein Häuschen im Grünen, einen Rauhaardackel und Bücher schreiben - das war es, was ich wollte.

Ein Hund sollte es sein, damit ich, um nicht ganz in diesem Häuschen im Grünen zu versauern, eine Aufgabe, ein Ziel und vor allem körperliche Bewegung haben würde. Aber wie gesagt - wenn schon Hund, dann ein Rauhaardackel. Einer dieser Vierbeiner, die schon aufgrund ihres Felles so gar nicht stromlinienförmig sind. Die so rau und lustig aussehen und irgendwie eine sehr eigenwillige Persönlichkeit darstellen.

Nun ja, aus dem Häuschen im Grünen ist inzwischen eine Doppelhaushälfte in der beliebtesten Stadt in Nordirland, in Bangor, geworden und der ersehnte Rauhaardackel entpuppte sich als Yorkshire Terrier. Ich bin nicht - wie es eine Freundin von mir einmal formulierte - "auf den Hund gekommen", sondern habe meinen Hund gefunden.

Seit 4 Jahren bin ich Besitzerin von - mittlerweile - 3 Yorkshire Terriern und ich genieße das Zusammensein mit diesen possierlichen Hunden jeden Tag aufs Neue. Zugegeben, mit 3 Hunden bin ich ziemlich angebunden. Aber dafür entschädigen mich diese lustigen und verspielten Vierbeiner auch reichlich. Alleine schon die freundliche Begrüßung, wenn man nach Hause kommt und die neugierigen Blicke, ob und was man ihnen mitgebracht hat. Außerdem wollte ich auch deshalb einen Hund, weil ich mich sonst ja nicht freiwillig bei unfreundlichem Wetter nach draußen begeben würde. Bewegung an der frischen Luft tut mir und meinen Hunden gut.

Im Nachhinein bin ich froh, dass ich die Yorkshire Terrier habe (und keinen Dackel). Der Yorkie ist nämlich ein possierlicher, aufgeweckter und lernwilliger Hund. Kurzum: eine Frohnatur, mit ausgeprägtem Spieltrieb und großem Bewegungsdrang. Obwohl er zwar sehr dickköpfig sein kann, ist er jedoch ein anpassungsfähiger Hund, der sich für alle Lebenslagen eignet. Er ist ein Weltmeister im Schmusen, bewahrt aber trotzdem seine Eigenwilligkeit. Ein großes Plus ist, dass er nicht haart und somit auch für Allergiker geeignet ist.

Er ist zwar körperlich klein, trotzdem ist er aber sehr wachsam und verteidigt sein Heim und seine Menschen äußerst beherzt. Ganz bestimmt ist der Yorkshire Terrier von Natur aus auch kein Schoßhund. Im Erheischen von Futter und Schmusen ist er zwar ganz schön geschickt, aber mit seinem Temperament und seiner Zähigkeit kann er mit jedem großen Hund mithalten. Er wird nur dann zum Schoßhund, wenn man ihn dazu macht.

Jack, mein Deckrüde, ist genau wie die Hundedame Susi ein „Überbleibsel“ aus der jahrzehntelangen Hundezucht der Eltern meines Lebensgefährten. Es sind die sogenannten "Crombells", die man leicht daran erkennt, dass sie ein total hübsches Gesicht, ein sehr schönes, stahlblaues Fell und ein ausgesprochen gutes Wesen haben.

Jack und Susi haben zudem Ozmilion-Blut[1)] in sich. Einer der Vorfahren von Jack war der berühmte Crombell Blue Boy, der auf Ausstellungen unter anderem den Preis des "Champion of All Toy Dogs" sowohl in Nordirland wie auch in der Republik Irland gewonnen hatte.

Als ich Jack zum ersten Mal sah, hatte ich mich sofort in diesen Wollknäuel verliebt. Es ist wirklich MEIN Hund. Wenn wir spazieren gehen, dann lasse ich ihn hier und da schnuppern. Mein Lebensgefährte meint zwar immer, nicht der Hund führt den Herren, sondern umgekehrt. Aber was für ein Hundeleben wäre das denn - mein Hund will ja schließlich informiert sein und seine Zeitung lesen. Und Yorkies sind nun mal so, dass sie von Natur aus neugierig sind und alles wissen wollen.

Ich habe festgestellt, dass meine Hunde sehr freundliche Hunde sind. Nicht nur, dass sie mich oder meinen Lebenspartner freundlich begrüßen, sie begrüßen auch sich selbst sehr herzlich, wenn ich z. B. mit einem der Hunde unterwegs war und nach Hause komme. Auch beim Treppensteigen nach unten lassen sie mir immer den Vortritt. Wahrscheinlich ist das aber weniger eine Frage der Höflichkeit als vielmehr reiner Selbstschutz – ich könnte ja, wenn ich falle, auf sie fallen und sie verletzten. Schon im Welpenalter lernen

---

[1)] Ozmilion (mit einem „l“!) ist der Zwingername bzw. Namenszusatz von Osman Sameja in England. Sameja war einer der besten Züchter von Yorkshire Terriern im Vereinigten Königreich. Seine Hunde sind von hoher Qualität und haben unzählige Auszeichnungen (inklusive Crufts) gewonnen.

diese kleinen Hunde, sich z. B. vor den großen Füßen ihrer Menschen in acht zu nehmen. Es passiert nämlich ganz schnell und leicht, dass man die kleinen Winzlinge ungewollt tritt. Jack hat sich darüber hinaus zu einem richtigen Gentleman entwickelt. Für einen Hund ganz ungewöhnlich, wartet er seit Neuestem an der Türschwelle bis meine beiden Hundedamen mit ihrem Fressen fertig sind, bevor er ins Zimmer kommt.

Die Hündin Susi haben wir quasi vor dem sicheren Eingehen gerettet, und dafür wird sie mir auch ihr Leben lang dankbar sein. Sie war wochenlang im Haus ihres Frauchens ganz alleine, bis wir uns dann entschlossen hatten, sie zu uns zu nehmen. Es gibt kaum etwas, was Susi nicht ohne mich macht. Sie begleitet mich auf Schritt und Tritt, was mir manchmal schon viel zu viel ist. Wenn ich einmal nur ein paar Stunden außer Haus bin, dann begrüßt sie mich so stürmisch und mit so lautem Gebell, als ob ich Jahre weg gewesen wäre.

Susi ist zwar bildhübsch (wäre sie eine Frau könnte man sagen, sie sei eine attraktive Blondine), aber komischerweise überhaupt nicht fotogen und kann leider aufgrund ihres Alters keine Jungen mehr kriegen.

Wir hatten uns deshalb entschieden, uns eine weitere Yorkshire Terrier Hündin zuzulegen - und zwar Mini, die, als sie 6 Wochen alt war, zu uns kam.

Mein Hund Jack

Hundelady Susi war gerade beim Friseur.

Wie klein diese Yorkshire Terrier tatsächlich sind ist mir erst bewusst geworden, als ich mit Mini beim Tierarzt war wegen ihrer Schutzimpfungen. Neben mir saß ein junger Mann mit einem Schäferhundwelpen. Dieser Welpe war mit seinen 3 Monaten schon so groß wie mein ausgewachsener Hund Jack.

Anfangs waren die beiden "großen" Hunde, Jack und Susi, der kleinen Mini gegenüber sehr feindlich eingestellt. Als wir Mini im Auto abgeholt hatten, hatte Jack sie ganz neugierig beschnuppert und begrüßt. Das änderte sich dann aber schlagartig, als wir Mini im Haus hatten. Jack, der ansonsten eigentlich doch sehr friedfertig ist, wollte von Mini nichts mehr wissen und sowohl Jack als auch die andere Hündin, Susi, knurrten Mini an, wo sie nur konnten.

Ich musste zum Teil sehr aufpassen, dass die beiden großen Hunde nicht über die kleine Mini hergefallen sind und sie totgebissen hätten. Mir hat das oft sehr leidgetan - kam doch die kleine Mini aus ihrem gewohnten Zuhause mit ihren Geschwistern, mit denen sie herumgerannt war und getobt hatte, jetzt in eine solche feindliche Umgebung. Anderseits konnte ich meine beiden großen Hunde gut verstehen - zumindest was das Spielen mit Mini anfangs anbelangte. Mini knabberte ja alles und jeden an. Mit Vorliebe knabberte sie an Jacks Ohren, und ihre kleinen spitze Zähne waren wie Nadelstiche. Meine Hände und Arme sahen manchmal aus, als ob ich in einen Rosenbusch gefallen wäre. Und dann war sie so klein und sah eigentlich eher aus wie ein Meerschweinchen, das sich da über den Fußboden bewegte. Das muss meinen großen Yorkshire Terriern, die als solche ja ursprünglich auf das Jagen von Kleingetier ausgerichtet waren, doch sehr suspekt vorgekommen sein.

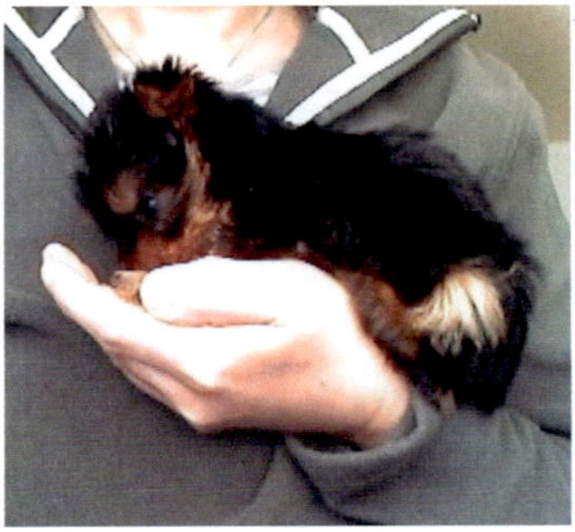

Unser Hundebaby Mini, 7 Wochen alt

Die kleine Mini im Mittelpunkt

Mini nun schon über 1 Jahr alt

Mir war es zu gefährlich, Mini mit Jack und Susi unbeaufsichtigt oder gar alleine zu lassen. Aber Mini dauernd in ihre Hundebox einsperren ging auch nicht, denn sie jammerte dann so laut. Was aber sollte ich mit dem kleinen Wesen machen, das sich da überall hin auf dem Fußboden bewegte, alles beschnupperte und anknabberte? Ihr kleines Schwänzchen war ständig in Bewegung und stand wie eine Antenne hoch. Ich kam dann auf die Idee, mir ein großes Tuch um den Bauch zu binden und platzierte Mini wie ein Kängeru-Baby in Mutters Beutel dann da hinein. Es sah ja lustig aus, wie das kleine Köpfchen meines Hundebabys aus meinem Bauch herauslugte. Aber so hatte ich jetzt wenigstens meine Hände frei und konnte meine Arbeit erledigen. Und Mini hat es wohl gefallen, die Welt von oben zu betrachten, denn sie saß da ganz ruhig. Auch heute noch kann ich sie überall mit mir herumtragen. Sie sitzt bzw. liegt dann ganz still auf meinem rechten Arm und kuschelt sich an mich an, während ich mit der linken Hand mit irgendetwas herumhantiere.

Auch in den ersten Nächten wussten wir nicht, was wir mit Mini machen sollten. Wir nahmen sie in ihrer Hundebox mit ins Schlafzimmer, aber es war aufgrund des Gejammers von Mini unmöglich zu schlafen. Mein Lebensgefährte kam dann auf die Idee, dass dieser Winzling Körperwärme braucht, und nahm Mini unter die Bettdecke. Ich wiederum fand aus lauter Sorge, dieses kleine Wesen könnte ja zwischen uns großen Menschen zerquetscht werden oder dass sie ins Bett macht, überhaupt keinen Schlaf. Ein paar Nächte lang hatten wir Mini im Bett, dann haben wir sie in der Küche alleine übernachten lassen und die Küchentür zugemacht, sodass keiner der „großen“ Hunde ihr etwas antun konnte.

Mini lief anfangs am liebsten kreuz und quer durch den Garten. Mit ihrem dunkelbraunen, fast schon schwarzen Baby Fell war sie kaum von der Erde zu unterscheiden und man musste sehr aufpassen, dass sie nicht durch irgendwelche Lücken im Zaun nach draußen auf die Straße hin verschwand. Lediglich wenn sich irgendwo die Blätter von Pflanzen verdächtig bewegten, wusste ich, wo Mini war. Ein paar Mal kam es aber vor, dass ich dachte, wir haben Ratten im Garten, weil Mini blitzschnell von einer Stelle zur anderen rannte und ich nur etwas Braunes mit Schwanz erkennen konnte.

Mini ist glücklich, wenn sie draußen herumtoben und ihre Nase unter Büsche und Sträucher stecken oder irgendwo in der Erde herumbuddeln kann. Dabei sind ihr anscheinend Wind und Wetter total egal. Sie scheint die Einzige hier zu sein, die sich – im wahrsten Sinne des Wortes! – tierisch über den Schnee freut, den wir zurzeit haben. Sie rennt und stöbert selbst im dicksten Schnee herum, und ich habe manchmal das Gefühl, sie juchzt vor Freude, wenn sie nach draußen in den Schnee kann.

Mini ist so klein, dass es schon oft passiert ist, dass ich sie nicht bemerkte, wie sie zur Tür hereinschlüpfte. Ich stehe an der Tür und rufe Mini, die im Garten unterwegs ist. Ich rufe und rufe und locke sie, indem ich mit Papier raschele, aber von Mini ist nichts zu sehen. Ich drehe mich um, weil ich mir meine Gartenschuhe anziehen will, um sie draußen zu suchen und da steht doch diese kleine Hündin ganz friedlich hinter mir, die Nase voll mit dunkler Erde und guckt mich fragend an, weshalb ich denn so verzweifelt nach ihr rufe. Sie ist anscheinend blitzschnell an mir vorbeigehuscht, ohne dass ich es gemerkt habe.

Mini, von was sie wohl träumt?

Jack und Mini warten auf eine Belohnung.

Yorkshire Terrier – verschmust und verspielt

Inzwischen kommen alle drei Hunde gut miteinander aus und spielen zusammen - wenn auch die kleine Mini immer mehr spielen will als die beiden anderen Hunde. Mini hat mit ihrem Charme und ihrer Ausdauer sogar Susi, die alte Hundedame, die noch nie gerne gespielt hat, davon überzeugt, dass Spielen und Raufen Spaß macht. Hier kommt wohl auch der Mut eines Yorkshire Terriers zum Ausdruck, denn so wie Susi die kleine Mini immer anknurrte (und es teilweise immer noch tut), hätte ich doch Angst, mich diesem Hund überhaupt zu nähern.

Wenn keiner der Hunde mit Mini spielt, dann sucht sie sich entweder ein Spielzeug aus ihrer Spielzeugkiste und kommt damit zu mir, schmeißt das Spielzeug demonstrativ vor mir hin, schubst mich sachte an und gibt mir zu verstehen, dass ich mit ihr spielen soll. Oder aber sie rennt wie eine Wilde durch das Haus, flitzt überall drunter durch und ärgert Jack, der ihr überhaupt nicht folgen kann. Als sie noch kleiner war, hatte sie sich unterm Sessel oder unterm Sofa versteckt, wo Jack natürlich überhaupt nicht hinkam. Der saß dann quasi wie vor einem Loch in der Erde, bellte und wartete, dass das "Kleingetier" da jetzt aus seinem Bau herauskam. Aber Mini tat ihm den Gefallen nicht. Sie zeigte immer nur kurz ihr Köpfchen, als ob sie sagen wollte „fang mich doch“. Wenn sie dann aber aus ihrem „Bau“ herauskam, dann schoss sie – sehr zum Ärger von Jack – wie ein Pfeil durch die Zimmer.

Überhaupt scheint es Jack irgendwie nicht zu gefallen, dass Mini so durch die Zimmer flitzt. Er regt sich scheinbar fürchterlich auf, springt quiekend fast bis an die Decke und versucht so, Mini mit seiner Gestik und Mimik zu stoppen, weil er ihr nicht folgen kann.

Eigentlich müsste mein Hund Jack „Pascha“ heißen – denn oft gebärdet er sich wie ein Pascha. So liegt er z.B. auf dem Sofa mit dem Kopf nach unten und genießt es, dass Mini am Sofa hochspringt und ihm am Kopf zwackt. Er dreht und wendet dann seinen Kopf und Mini hört nicht auf, zu springen. Mini lässt sich nichts gefallen. Sie hat für sich ein neues Spiel entdeckt – sie zieht Jack an seinen Backenhaaren und es sieht manchmal fast so aus, als wolle sie diesen „Pascha“ nicht über den Tisch, aber über den Fußboden ziehen.

Während mir oft schon der Arm oder die Hand vom vielen Spielen mit Mini - Werfen, Ziehen und Zerren - wehtut, ist Mini unermüdlich. Manchmal bin ich dann froh, dass mir mein Hund Jack zu Hilfe kommt, der, in der Hoffnung ein Leckerli zu ergattern, dann für mich mit Mini spielt. Es kann durchaus aber auch passieren, dass Jack spielen will, aber Mini hat etwas anderes zu tun und lässt ihn abblitzen.

Das mit dem Spielen ist natürlich so eine Sache, denn Jack ist ja ein Deckrüde. Generell haben Rüden ganzjährige aktive Sexualphasen und sind nie abgeneigt, ihren Trieb auszuleben. Jack will von Natur aus mehr als nur "spielen". Über seinen Elan und Eifer, wie er manchmal versucht, Mini mit allen Tricks und Mitteln zu "verführen", kann ich mich oft nur wundern. Für Mini ist das Ganze auch nur ein Spiel. Sie rennt hin und her, legt sich auf den Rücken und springt weg, wenn es ihr mit Jack zu viel wird. Insofern brauche ich mir über Mini wenig Gedanken zu machen, dass sie in so jungen Jahren von Jack „geschwängert“ wird. Umso besorgter bin ich allerdings über meine schon etwas ältere Hundedame Susi. Wenn sie läufig ist, macht sie Jack derartig an, dass ich manchmal denke, der Hund (Jack) kriegt einen Herzinfarkt, so wie Susi ihn anbaggert.

Wir können Jack ja auch nicht dazu erziehen, sich den Verführungskünsten von Susi zu entziehen. Dann wäre er eventuell für andere Deckungstermine nicht mehr zu gebrauchen. Das wäre schlimm, denn es gab schon Zeiten, da war eigentlich der Hund der Einzige, der hier etwas konkret zum Broterwerb beigetragen hatte, weil er als Deckrüde so gefragt war. Mein Lebensgefährte lästerte einmal, dass im Kühlschrank außer Hundefutter nichts sei. Meine Antwort war, dass der Hund ja schließlich auch Geld verdiene.

Yorkshire Terrier sind ausgesprochen lebhaft und ständig auf der Suche nach Beschäftigung, nach neuen Abenteuern und Aufgaben. Wenn sie nicht schlafen (kommt bei meinen manchmal leider viel zu selten vor), dann wollen sie spielen oder schmusen. Bei 3 Yorkies ist das alles nicht so einfach. Wenn ich mit einem schmuse, dann kommt gleich der andere an und will auch schmusen. Jeder Einzelne von ihnen will im Mittelpunkt stehen, will Beachtung und will sich anschmiegen.

Immer zu Streichen aufgelegt sind sie ständig in Bewegung und halten mich auch immer auf Trab. Von Natur aus ist der Yorkie aufgeweckt. Wenn man nicht aufpasst, kann er viel Unfug anrichten. Er will intensiven Kontakt zu seinen Menschen, ist jederzeit spielbegeistert und liebt abwechslungsreiche Freizeit-aktivitäten. Es kann gut sein, dass ihn etwas nach kurzer Zeit schon langweilt, und dann sucht er sich eine andere Beschäftigung. Yorkies wollen gerne beschäftigt sein, spielen aber auch alleine und brauchen entsprechend auch Spielzeug.

Meine Mini zerrupft z.B. am liebsten Papier und Papiertücher, die sie meinem Lebensgefährten oder mir klammheimlich aus der Hosentasche zieht. Sie macht das wirklich oft so raffiniert, dass wir das nicht einmal merken. Es ist auch schon passiert, dass ich verzweifelt meinen Einkaufszettel gesucht habe. Erst als ich die Schnipsel auf dem Boden sah, war mir klar, dass Mini den Zettel in der Mangel hatte. Gleiches ist uns mit Zetteln widerfahren, auf die wir z.B. Telefonnummern geschrieben hatten. Wenn Papier oder ein Zettel auf den Boden fällt, sorgt Mini gnadenlos dafür, dass er unkenntlich klein gerupft wird.

Überhaupt ist Mini ständig auf der Suche, was sie jetzt wieder anstellen kann. Sie knabbert dann auch schon mal Pflanzen und Bücher an oder kaut an Teppichfransen oder Reißverschlüssen herum, die dann unbrauchbar sind. Von ursprünglich 6 Korkmatten (Untersetzer) haben wir jetzt nur noch 2, weil Mini sie alle irgendwie entwendet und mit Genuss kleingemacht hat. In letzter Zeit macht sie wohl "Gewichte heben" – sie krabbelt unter die Kissen, stemmt sie hoch und schmeißt sie auf den Boden oder sie zerrt die Kissen durch die Gegend. Jetzt versucht sie sogar, Jack mitsamt Kissen vom Sofa zu schubsen.

Jack döst und Mini will spielen.

Mini und ihr Futter.

Mini: Hallo hier bin ich

Was die Spielsachen anbelangt, so muss man darauf achten, dass es einfache Sachen sind aus unbedenklichen Materialien und ohne solche Teile, an denen sich die Hunde verletzen können (z.B. Knöpfe, welche die Hunde verschlucken können). Ich habe viele Spielsachen selbst gemacht. Alte Socken habe ich z.B. mit Papier oder Wolle ausgestopft und oben verknotet. Mini mag diese „Würste", denn sie kommt immer damit an und will, dass ich mit ihr spiele. Ich ziehe an einem Ende und sie am anderen oder ich werfe das Ding durchs Zimmer und Mini holt es, um mit mir „Zerren" zu spielen.

Yorkshire Terrier lieben es, im Garten oder unterwegs zu buddeln und zu graben und nach Beute zu suchen. Der „Buddelschaden" meiner Hunde bei uns im Garten hält sich zum Glück in Grenzen. Dafür „graben" sie umso mehr im Haus, z.B. auf dem Sofa oder in ihrem Hundebett, weil sie etwas verstecken (vergraben) wollen. Oder weil sie dort etwas „vergraben" haben und es jetzt ausbuddeln wollen. Mir tut es immer leid, wenn Mini versucht, etwas von ihrem Futter zu verstecken, aber Jack findet es und frisst es ohne Skrupel auf. Mini kommt dann zu mir und guckt mich an, als ob sie sagen will „nun tu doch etwas".

Ich habe Jack auch schon dabei beobachtet, dass er an einer Stelle im Garten, wo Steine gelagert waren, wie ein Verrückter gebuddelt, geschnuppert und gebellt hat. Ich vermute, dass sich hinter den Steinen ein Kleintier oder Nager verborgen hatte.

Trotz der Spielbegeisterung habe ich es aber auch schon erlebt, dass meine Hündin Susi stundenlang ganz still am Zaun stand und etwas beobachtete. Was immer sie da so intensiv beobachtete - sie ließ sich davon auch durch nichts abbringen.

Susi ist scheinbar sowieso eine Ausnahme, was den Drang nach Aktivität und Bewegung anbelangt. Im Unterschied zu Jack und Mini mag sie z.B. Spaziergänge überhaupt nicht. Einmal hat sie unterwegs auf einem Spaziergang so gemeckert und gejammert, dass ich sie auf den Arm nehmen und den Rest des Weges tragen musste. Auch ansonsten hält sie nicht viel von Spielen. Das hat sie erst von Mini gelernt, was aber auch zeigt, dass Hunde bis ins hohe Alter lernfähig sind.

Oft schon war ich in Sorge, dass Susi vielleicht irgendetwas an ihren Knochen hat und deshalb nicht laufen mag. Dem scheint aber nicht so zu sein, denn wenn sie z.B. im Garten eine Katze wittert, dann rennt sie über Stock und Stein und schießt wie ein geölter Blitz durch den Garten und jagt die Katze. Man braucht nur „Pussy Cat" zu sagen und Susi ist sofort in Alarmbereitschaft.

Alle 3 Hunde scheinen die Sonne zu mögen. Wann immer ich im Garten bin und die Tür meines Treibhauses ist geöffnet, setzt Jack sich da hinein und blinzelt in die Sonne. Oft merke ich davon gar nichts und wundere mich, wo mein Hund steckt.

Susi alles Andere als zerbrechlich.

Jack sucht eine Ritze im Zaun.

Kleine Dickschädel - zierlich und robust

Die kleine Größe der Yorkshire Terrier hat einen Nachteil: Sie sind so klein, dass sie auch durch Ritzen im Zaun zu Nachbars Garten abhauen können. Mir ist es passiert, dass ich Jack rief und rief und rief, und dieser spurlos verschwunden war. Ich suchte die ganze Straße und Umgebung nach ihm ab, wobei mir meine Nachbarn gegenüber halfen. Aber wir wurden nicht fündig und ich befürchtete schon das Schlimmste. Mein Lebenspartner hatte dann die Idee aufs Garagendach zu klettern, weil er von dort aus einen besseren Überblick über die Umgebung hatte. Und siehe da, er sah Jack, wie er nebenan in Nachbars Garten stand. Jack hatte mich wohl gehört, wie ich ihn rief, kam aber durch die Ritze im Zaun nicht mehr zurück.

Als ich bei meiner Nachbarin klingelte, um Jack zu holen, meinte sie, dass Jack so ein süßer Hund sei, der sich ruhig öfter in ihren Garten verirren könnte. Und das tat er dann auch, bis wir die Ritze im Zaun zumachten.

Einmal, als ich vorne im Garten am Werkeln war und aus welchen Gründen auch immer, über den Gartenzaun blickte, sah ich so einen kleinen Hund und wunderte mich, weshalb dieser da so alleine an unserem Mäuerchen entlang marschierte. Ich war schon dabei, mich umzudrehen und mich wieder meiner Gartenarbeit zu widmen, als mir schlagartig bewusst wurde, das ist ja mein Hund Jack!. Jack hatte sich klammheimlich aufgemacht, die Nachbarschaft zu erforschen und ich weiß bis heute nicht, wie er von unserem Grundstück aus zur Straßenseite gelangt war. Als ich Jack bei seinem Namen rief, ging dieser kleine Hund schnurstracks weiter und tat so, als ob er mich gar nicht gehört hätte. Ich bin natürlich voller Panik dem Hund hinterher gelaufen, um ihn zurückzuholen.

Jack war zuvor nämlich schon einmal zur Straßenseite hin ausgebüxt gewesen. Damals hatte es unser Nachbar zum Glück noch rechtzeitig bemerkt und Jack davor bewahrt, von einem Auto überfahren zu werden.

Auch die kleine Mini war ein paar Mal zur Straße hin unterwegs gewesen. Zum Glück hatten wir das jedes Mal sofort bemerkt, wie sie vor der Gartenpforte stand und dort herumschnupperte. Wir hatten uns sehr gewundert, wie sie nach draußen gelangt war und sie bei einem ihrer Ausreißversuche dann dabei beobachtet, wie sie an den Pflanzenkübeln vorbei durch eine kleine Lücke auf die Straße gelangte.

Der Lieblingsplatz von Mini ist das kleine Sofa, das bei uns am Fenster steht. Sie sitzt oder steht oben auf der Rückenlehne in Aussichtsposition und beobachtet mit großem Interesse alles, was draußen vor sich geht. Ich hoffe, dass sie es noch lernt, nicht immer sofort zu knurren und zu bellen, wenn sich draußen auf der Straße etwas bewegt. Manchmal liegt sie auch zusammengekauert auf dem Sofa und schläft in der Sonne. Mitunter guckt sie meinem Lebensgefährten, wenn dieser dort sitzt und liest, über die Schulter, so als ob sie sich fragt, was er denn da liest.

Susi hält sich normalerweise immer da auf, wo ich bin und das ist, wenn ich im Wohnzimmer sitze, das große Sofa. Diesen Platz verteidigt sie auch gegenüber Jack und Mini. Wann immer möglich, sitzt sie auch im Flur an der Eingangstür, die aus Glas ist, genießt dort die Sonne und beobachtet mit aufrechten Ohren, was sich draußen abspielt. Manchmal sitzt sie dort stundenlang ganz ruhig. Die kleinen Ohren der Yorkies sind wie Antenennen, die jegliche Geräusche aufgreifen. Selbst im Tiefschlaf bewegen sich diese „Radarschirme“ noch. Nähert sich jemand dem Haus, dann knurrt und bellt Susi ganz heftig. Briefträger möchte ich hier nicht sein.

Jack hat eigentlich keinen besonderen Platz. Meistens liegt er ganz entspannt und ruhig unterm Tisch im Wohnzimmer und es kann schon mal vorkommen, dass ich ihn versehentlich trete, wenn ich meine Beine ausstrecke. Dann wird er aber ganz lebendig! Klar, dass er das nicht mag und mich fürchterlich anknurrt – zu Recht. Ich muss ihn dann immer auf den Arm nehmen, ihn trösten und mich bei ihm tausendmal entschuldigen, während ich ihn streichele.

Wenn Jack etwas will, dann macht er sich bemerkbar. Wenn er z. B. geknuddelt werden will, dann stemmt er sich an mir hoch und kratzt an meinen Beinen, und zwar so heftig und so lange, bis ich ihm Aufmerksamkeit schenke und ihn auf den Arm nehme bzw. ihn – sehr zum Ärger von Susi – neben mich auf das Sofa hieve.

So verschmust und verspielt Yorkshire Terrier auch sind, so sind sie andererseits auch „Dickschädel“. Was sie nicht wollen, das wollen sie nicht. Das gilt nicht nur fürs Fressen, das sie verweigern, wenn es ihnen nicht schmeckt, sondern auch fürs Schmusen. Wenn meine Hunde nicht schmusen wollen, dann wehren sie sich dagegen. Wenn ich versuche, sie festzuhalten, dann „rudern“ sie mit „Händen und Füßen“, weil sie losgelassen werden wollen. Selbst die ansonsten so anhängliche Susi will auch nicht immer schmusen bzw. geknuddelt werden.

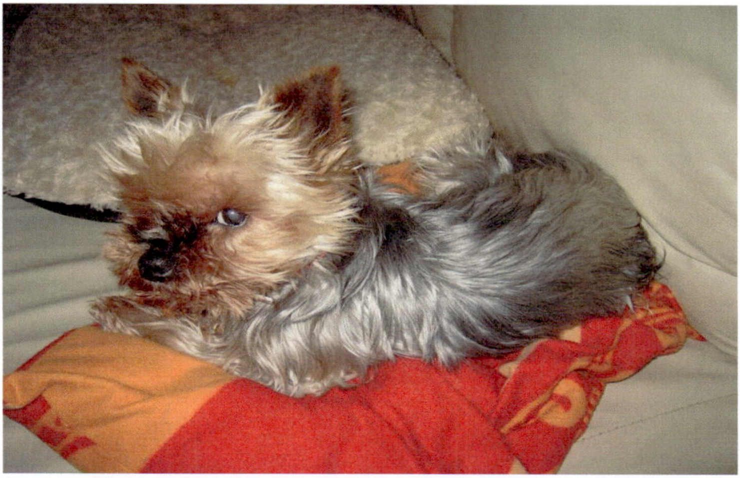

Susi auf ihrem Lieblingsplatz, neben mir auf dem großen Sofa.

Jack unterm Wohnzimmertisch.

Mit 3 Hunden ist es nicht immer einfach, jedem gerecht zu werden. Alle 3 wollen meistens zur gleichen Zeit auf meinen Schoß und sich anschmiegen oder gestreichelt und getätschelt werden. Meistens sind es die beiden Weibchen, die um einen Platz auf meinem Schoß buhlen und schubsen. Dabei geht vor allem Susi ganz raffiniert vor. Sitz Jack auf meinem Schoß, dann schafft Susi es, erst ihren Kopf und dann ihren Körper unter Jack zu platzieren, dann stemmt sie den schweren Jack hoch und schmeißt ihn von meinem Schoß runter. Sitzt Mini auf meinem Schoß, dann setzt sich Susi dazu und macht sich aber so breit, dass für Mini kein Platz mehr ist und diese dann ihren Platz aufgibt.

Es heißt, dass der Yorkie eine mutige und hartnäckige Natur hat. Es ist ein kleiner Hund mit großartigem Verhalten. Ein Hund, der es sich auf dem Schoß gemütlich macht, mit Genuss an einem Knochen kaut und im nächsten Moment aufspringt, um Nachbars Rottweiler nachzustellen, mit dem festen Willen, zu zeigen, wer hier der Boss ist.

Das trifft auf meine Mini zu. Sie liegt friedlich auf meinem Schoß und schläft, während ich z.B. an meinem Laptop im Wohnzimmer arbeite. Jack, der wie gewohnt unterm Tisch liegt, braucht nur sein Ohr zu bewegen und schon springt Mini auf, um ihr Fressen mit Knurren und Hunde-Geschrei zu verteidigen, weil sie inzwischen gelernt hat, dass Jack ihr alles wegfrisst, wenn sie nicht aufpasst. Mini hat sich inzwischen zur absoluten Herrscherin entwickelt, zumindest was das Fressen anbelangt. Jack darf unser Ess- und Wohnzimmer solange nicht betreten, bis Mini (sie hat ihren Fressplatz im Wohnzimmer) mit ihrem Futter fertig ist. Er sitzt dann abwartend an der Türschwelle und kommt erst dann ins Wohnzimmer, wenn ich ihn rufe. Es scheint ihm sichtlich unangenehm zu sein, denn er macht jedes Mal einen großen Bogen um Mini.

Letztens ist Jack auf dem Weg nach draußen nur an Minis Fressnapf - im großen Bogen! - vorbeigelaufen, da hat sie ihn angemacht. Und als er dann draußen vor der Terrassentür stand und wieder herein wollte, da hat sich diese kleine Hündin, Mini, in der Tür so breitgemacht, dass Jack sich nicht getraute, hereinzukommen. Sie schimpft auch mit ihm, wenn er sich über Susis Fressen hermacht, obwohl Susi sich ganz gut selbst verteidigen kann.

So klein und zierlich wie diese Yorkshire Terrier sind, so habe ich festgestellt, dass sie doch sehr robust sind. Wir hatten, als wir unseren neuen Kühlschrank bekamen, den alten nach draußen auf die Terrasse gestellt. Ich war wie so oft im Garten beschäftigt und in Eile und Susi (anhänglich wie sie ist) lief mir die ganze Zeit zwischen den Beinen herum. Weil ich nicht wusste, was ich mit ihr machen soll, setzte ich sie auf den alten Kühlschrank. Ich ahnte ja nicht, dass sie von dort herunter springen würde. Doch – sie sprang aus 1,50 m Höhe auf den Boden. Ich hörte noch, wie es so ein komisches Geräusch gab, als sie auf den Boden fiel und mein Herz rutschte in die Hose. Susi gab keinen Mucks von sich, rollte sich einmal quer über die Terrasse und war dann so normal wie immer. Der Sprung aus 1,50 m Höhe hatte ihr offensichtlich nichts angetan.

Susi legt im Unterschied zu Jack sehr viel Wert auf (körperliche) Sauberkeit. Sie putzt sich oft, und auch wenn sie läufig ist, merkt man davon kaum etwas. Der kleinen Mini kam das zugute. Mini hat ein sehr lebhaftes Interesse an allem, was um sie herum vorgeht und beobachtet immer alles ganz genau. So hat sie bei Susi zugeguckt, wie diese sich geputzt hat, und hat es ihr dann nachgemacht. Von Jack konnte Mini in Sachen Sauberkeit nicht viel lernen. Jack hält nicht viel davon, sich zu „waschen“. Ganz Pascha lässt er sich waschen. Wenn er mich mit dem Waschlappen sieht, dann springt er in sein Hundebett, dreht sich auf den Rücken und wartet, dass ich ihn am Bauch wasche. Das muss man bei den Yorkie Rüden machen, denn die Haare wachsen auch an den Genitalien und das sieht dann aus wie ein Pinsel. Der Urin verklebt in den Haaren und so wird tatsächlich wie mit einem Pinsel alles, wo der Hund sich aufhält, mit seinem „Duft“ angestrichen.

Unabhängig davon hat Jack aber sehr gute Eigenschaften und typisch Terrier auch keine Angst vor mir. Wenn ich z.B. mit Susi oder Mini „schimpfe“, stellt er sich dazwischen und meckert mich an, so als wolle er sagen „lass’ bloß die Mini in Ruhe“. Oder er versucht mich abzulenken, indem er sich ganz demonstrativ auf den Rücken legt und am Bauch gekrault werden will. Klar, das sieht dann so possierlich aus und mit seinem Ablenkungsmanöver hat er dann auch Erfolg.

Susi ganz entspannt

Jack beim Dösen auf der Wohnzimmercouch.

Kleine Hunde mit großem Appetit

Man sollte meinen, dass so kleine Hunde auch einen kleinen Appetit haben. Aber zu mindest bei meinem Jack ist das weit gefehlt. Dieser Hund ist ein alles fressender Nimmersatt. Überhaupt sind Yorkies automatische „Staubsauger", die sofort kommen und alles, was auf den Boden fällt, fressen oder aufschlecken.

Während Mini und Susi da doch schon wählerisch sind und nur "hundgerechte" Sachen fressen, frisst Jack auch Obst, Joghurt, Kartoffelchips und überhaupt alles, was auf den Boden fällt. Das kann dann auch schon mal ein Eiswürfel oder gefrorenes Gemüse sein. Mini guckt nur immer zu, was und wie Jack frisst. Sie will es auch haben, frisst es oft aber nicht. Ob Glück oder Unglück - Mini frisst keine Weintrauben [2]. Jack frisst bzw. kaut diese kleinen runden, glatten Dinger mit der gebotenen Tapferkeit, die ein Yorkshire Terrier aufbringen kann. Mini macht Jack zwar alles beherzt nach, weiß aber nicht so richtig, was sie mit den Weintrauben anfangen soll und benutzt sie dann als Ball zum Spielen.

Nicht nur, dass Jack Futter über alles liebt. Er freut sich auch immer riesig, wenn es etwas zum Fressen gibt. Er

---

[2] Es scheint, dass Trauben und mehr noch Rosinen giftig für Hunde sind. In einigen Fällen in den USA und Großbritannien hatten Hunde nach dem Verzehr von Weintrauben und / oder Rosinen Vergiftungen erlitten. Woran das lag ist bisher noch nicht genau nachgewiesen worden. Es gibt andererseits unzählige Erfahrungsberichte, wonach kleine Mengen an Weintrauben ungefährlich sind. Es kommt scheinbar auf die Menge an und wie häufig auch kleinste Mengen gefüttert werden. Ich rate aber aus den genannten Gründen zur Vorsicht bzw. zum Verzicht von Weintrauben und Rosinen.

macht dann unzählige Luftsprünge und führt einen richtigen Freudentanz auf. Da er, bevor er zu mir kam, mit anderen Rüden zusammen war und sein Futter mit jenen teilen musste, frisst er ungemein schnell. Er schlingt sein Futter in sich hinein und ist immer schon mit seinem Fressen fertig bevor ich überhaupt den beiden anderen, Susi und Mini, ihr Futter hingestellt habe.

Susi frisst übrigens nichts aus der Hand. Alles, was man ihr zum Fressen gibt, muss man vor sie hinlegen. Sie will es erst beschnuppern, bevor sie es frisst. Wenn sie es dann für o.k. befunden hat, trägt sie es sofort in ihr Hundebett, wo sie es in aller Ruhe verspeist. Manchmal gerät sie aber auch in Stress, wenn Jack in der Nähe ist. Dann kann es schon mal passieren, dass sie auf dem Weg zu ihrem Hundebett das Leckerli verliert und natürlich Jack es sich dann schnappt.

Sowohl Jack als auch Mini reinigen übrigens ihre Futternäpfe so gründlich, dass man meinen könnte, sie seien gespült. Susi, die sonst so sauber ist, hat wiederum mit „Geschirrspülen“ keinen Vertrag.

Mini ist teilweise wie Jack – sie rennt, wenn sie von draußen reinkommt, zu aller erst an ihren Fressnapf und guckt, ob da etwas drin ist. Mini war schon als Baby sehr mutig. Sie wollte wie die beiden großen Hunde auch „richtiges“ Futter und kein Babyfutter. Kein Knochen war ihr zu groß und sie schleppte größere Sachen in ihrem kleinen Mäulchen hin und her.

Einmal ließen wir die Hunde im Auto, während wir einkaufen gingen. Wir hatten in der Ablage der Seitentür des Autos eine Tüte mit Gummibärchen liegen und hatten uns auch nichts dabei gedacht, die verschlossene Tüte im Auto zu lassen. Als wir zurückkamen, waren die Gummibärchen allesamt aufgefressen. Ich habe den Verdacht, dass Mini die Anstifterin war, denn sie ist ein richtiger Wildfang. Zum ersten Mal hatte ich erlebt, dass keiner meiner Hunde mehr etwas fressen wollte, als wir zuhause ankamen.

Alle drei Hunde schlecken übrigens für ihr Leben gerne Eiscreme, trinken gerne Milch[3] und haben einen Heißhunger auf rohe Kartoffeln. Sobald sie hören, dass ich in der Küche Kartoffeln schäle, kommen sie angerannt und gucken mir ganz genau beim Schälen zu. Ihre Köpfchen gehen dann hin und her, und sie warten, dass ich ihnen kleine Kartoffelstückchen abgebe. Wenn ich Joghurt esse, dann kommen sie ebenfalls an und wollen davon etwas abhaben.

Es wird den Yorkshire Terriern nachgesagt, sie seien „Dickschädel". Wenn sie etwas wollen, dann verfolgen sie es so vehement, bis sie es haben. Bei Jack kann ich das, was das Futter angeht, nur bestätigen. Wenn er etwas zum Futtern haben will, dann macht er sich ziemlich auffällig und hartnäckig bemerkbar.

Umgekehrt gilt das Motto: „Was der Bauer nicht kennt, isst er nicht" in abgeänderter Form auch für meine Hündin Susi. Sie ist ein ausgesprochener Dickkopf, und wenn sie etwas nicht fressen will, dann frisst sie es auch nicht. Susi ist für mich aber auch so etwas wie ein „Anzeiger", ob das, was ich zwischendurch den Hunden zum Fressen gebe, auch „hundgerecht" ist. Sie frisst z.B. keine Weintrauben, aber dafür liebend gerne rohe Kartoffeln.

---

[3] Milch hilft übrigens bei Verstopfung, weil die Lactose leicht abführend wirkt.

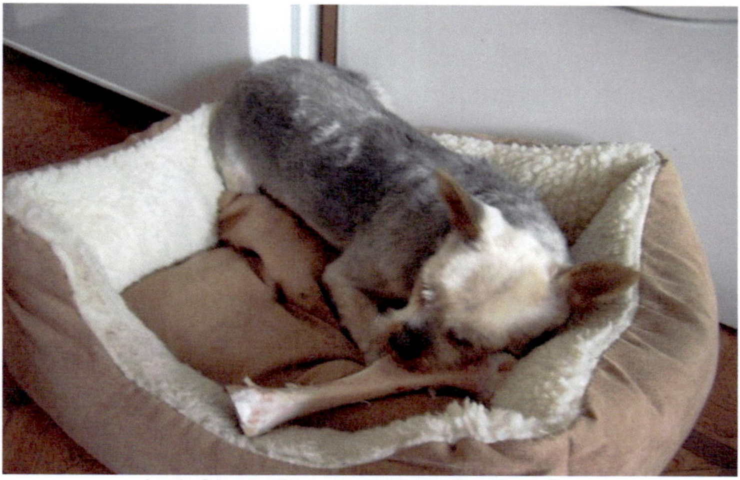

Jack frisst alles – auch große Knochen.

Mini im Alter von 10 Wochen – sie machte selbst vor großen Knochen nicht Halt.

Meine Hunde fressen zwar Vieles, aber nicht immer alles. Bei der Wahl ihres Futters können sie manchmal auch ganz schöne Feinschmecker sein. Jack und Susi verschmähen z.B. Büffelhautprodukte – sehr zur Freude von Mini, die sich genüsslich über solche hermacht.

Es ist auch schon vorgekommen, dass meine Hunde z.B. ihr Trockenfutter anfänglich mochten und dann auf einmal aber nicht mehr. Normalerweise sagt man, man solle das Futter stehen lassen. Wenn ein Hund Hunger hat, dann frisst er auch. Bei 3 Hunden kann ich aber nichts stehen lasse, denn einer kommt immer und frisst alles weg. In der Regel ist das Jack, der dadurch immer fetter wird. Inzwischen schnappt Mini aber auch schon das Futter der anderen beiden Hunde weg.

Bei meiner Mini habe ich festgestellt, dass sie morgens gleich nach dem Aufstehen noch gar kein Frühstück mag – wohl aber die beiden anderen Hunde. Mini ist eine ganze zeitlang in Stress geraten, weil sie ihr Frühstück nicht unbeaufsichtigt lassen konnte. Neugierig wie diese Hunde nun einmal sind ist auch Mini erst einmal losgegangen, um zu gucken, was die anderen Hunde im Fressnapf hatten. Kam sie Susis Fressen zu nahe, dann knurrte Susi sie an. Erschien sie an Jacks Fressnapf, war dieser schon mit dem Futter fertig, rannte zu Minis Napf und fraß ihr alles erbarmungslos weg. Mini lernte jedoch schnell, ihr Futter zu verteidigen und nun ist sie hier der „Boss“.

Unter zu Hilfenahme seines possierlichen Aussehens und seiner schauspielerischen Leistungen setzt Jack seinen Kopf durch. Wenn er etwas zu fressen will, dann quiekt und tanzt er hier so laut herum, bis wir ihm entnervt etwas geben. Wenn wir nicht auf sein Verhalten reagieren, dann holt er sich Mini und Susi zur

Verstärkung, die hier dann auch noch lauthals herumspringen. Und wer kann da schon widerstehen?

Das Problem ist allerdings, dass meine beiden Hündinnen eigentlich gar kein Leckerli wollen, von Jack aber dazu angestiftet werden. Und überhaupt – wenn ich schon Jack etwas gebe, dann muss ich den anderen beiden auch etwas geben, sonst werden sie eifersüchtig bzw. fühlen sie sich vernachlässigt.

Den Dickschädel des Terriers erlebe ich auch, wenn wir z.B. am Strand spazieren gehen. Jack rennt Leuten, die ihn freundlich anlächeln hinterher, in der Hoffnung, er kriegt etwas zu fressen. Wo immer er denkt, es gibt etwas zu „erleben" wie fressen oder gestreichelt werden, da rennt er hin. Er hört dann überhaupt nicht auf mich. Ich muss dann jedes mal hinterrennen und den Hund einfangen. Er scheint das alles ganz in Ordnung und lustig zu finden, denn er legt sich, sehr zur Belustigung seines Publikums, dann auch noch auf seinen Rücken und will am Bauch gekrault werden.

Sobald einer der Hunde mich mit etwas rascheln hört, kommen sie alle angerannt, weil sie denken, es gibt etwas zu fressen oder zu naschen. Das habe ich mir zunutze gemacht: Wenn die Hunde im Garten sind und nicht reinkommen wollen, dann brauche ich nur mit einer Tüte zu rascheln. Wie ein Blitz kommen sie angewetzt in der Erwartung, ein Leckerli zu bekommen. Sie stehen dann alle drei mit erwartungsvollen Blicken vor mir. Wenn ich ihnen nichts gebe, betteln sie zum Glück auch nicht. Sekunden später tollen sie herum und spielen fröhlich miteinander.

Es ist schwierig, diese kleinen "süßen" Hunde nicht mit Leckereien zu verwöhnen. Ich bin da aber ziemlich streng und achte auf eine ausgewogene Ernährung. Zumindest hoffe ich, dass das, was auf Hundefutter Packungen draußen draufsteht, auch drin ist.

Jack und Susi – was gibt es zu fressen?

Jack - dieser süße Hund kann ganz fürchterlich knurren.

Kein Haarwechsel aber regelmäßige Pflege

Der Yorkshire Terrier ist einer der wenigen Hunde, die keinen Haarwechsel haben. Im Unterschied zu den meisten anderen Hunden haben Yorkshire Terrier einen großen Vorteil: Sie haaren nicht und sie sind deshalb ideal, im Haus oder in der Wohnung zu halten. Es gibt keinen leidigen Haarwechsel im Frühjahr und Herbst. Allerdings erfordert das feine Fell von Yorkshire Welpen und Hunden eine ziemlich aufwendige und regelmäßige Pflege, da es ansonsten schnell stumpf und brüchig würde. Hund und Besitzer müssen dafür viel Zeit und Geduld aufbringen. Weil das Fell ständig wächst, müssen Yorkies auch regelmäßig zum "Friseur". Es sei denn, man will sie auf Hundeschauen zeigen. Dann ist es Pflicht, die Haare wachsen zu lassen, was ein tägliches Kämmen und Bürsten erfordert. Und natürlich dieses rote Schleifchen auf dem Kopf. Damit werden die Haare, die sonst ins Gesicht fallen und die Augen bedecken, hochgebunden. Außerdem werden bei solchen Yorkies, die auf Ausstellungen gezeigt werden, die langen Haare strähnchenweise in Seidenpapier eingewickelt, damit sie nicht abbrechen.

Meinen Hund Jack bekam ich, als der Hund über drei Jahre alt war. Ich hatte damals keine Ahnung von Yorkshire Terriern. Er sah aus wie ein Teddybär und deshalb nannte ich ihn auch meinen Teddybär-Hund. Als "Teddybär" machte er insbesondere auf Frauen einen besonderen Eindruck. Eine Frau meinte einmal, sie würde sonst was dafür geben, so einen Hund zu haben. Das machte mich natürlich schon irgendwie stolz.

Wäre Jack ein Mann, würde man ihn wohl als einen „Womanizer“ bezeichnen. Er liebt es über alles, gestreichelt und geschmust zu werden. Er kann sich richtig gut in Pose setzen, um aufmerksam und Zuwendung zu erheischen. Das sieht manchmal äußerst drollig aus.

Jacks Fell wuchs und wuchs. Zum Schluss sah er aus wie ein Besen, dem der Besenstiel fehlt. Das lange und dichte Fell machte ihm sehr zu schaffen - er war ja ein Deckrüde und kein Vorzeigehund. Von daher war das lange Fell auch nicht nötig. Ich selbst war und bin - bei aller Liebe zu meinen Hunden - auch nicht immer in der Lage, das Fell meiner Hunde ständig zu bürsten und zu kämmen. Also es war an der Zeit, ihn zur Fellpflege zu bringen, damit sein Fell wieder in Ordnung kam und die langen Haare abkamen.

Aber ach - war ich geschockt, als aus meinem Yorkshire Terrier -"Teddybär-Hund" eine Art Chihuahua geworden war. Das Fell war bis auf Millimeter geschoren, und es dauerte seine Zeit, bis ich mich an diesen Anblick gewöhnt hatte.

Nun habe ich inzwischen die Erfahrung gemacht, dass die Hundehaare ziemlich schnell wieder wachsen, was auch dazu beiträgt, dass sich das Aussehen von Yorkshire Terriern, speziell ihr Gesichtsausdruck immer verändert, und es von daher auch nicht langweilig mit ihnen wird.

Jacks Fell ist übrigens ein richtiges dickes Fell und es fühlt sich eher an wie Wolle. Er hat, weil er in seinen jungen Jahren draußen in einer Hundehütte gehalten wurde, ein dichtes Unterfell gegen die Kälte herausgebildet, das er nicht wieder loswird. Durch dieses Fell erscheint Jack auch dicker als er eigentlich ist, was ihm auch diesen Teddybär-Look gibt.

Jack, etwas skeptisch, ob das Foto ja auch gut wird.

Hier fehlt nur noch der Besenstiel.

Jack kahl geschoren im „Chihuahua Look“.

Jack, wer kann diesem Teddybär-Hund widerstehen?

Was mein körperlich kleiner Hund Jack überhaupt nicht mag, ist gewaschen und abgetrocknet zu werden. Sobald er mich mit einem Handtuch auf sich zukommen sieht, fängt er ganz schrecklich an zu knurren. Wenn er gar zu schmutzig ist, wird er in die Badewanne gesetzt, da kann er nicht entkommen und wird abgebraust. Das lässt er sich ja noch gefallen. Aber sobald ich ihm mit dem Handtuch zu nahe komme, hört er nicht mehr auf zu knurren, was sich manchmal schon ganz fürchterlich anhören kann.

Neuerdings hat Jack die Angewohnheit, sich „freiwillig“ auf das Handtuch, mit dem ich die kleine Mini abtrocknen will, zu platzieren. Er legt sich dann auf dem Handtuch auf die Seite oder auf den Rücken, streckt alle Viere von sich und wartet, dass ich mich mit ihm abgebe. Mit der einen Hand versuche ich dann, Mini daran zu hindern, nass wie sie ist durchs ganze Haus zu rennen, während ich mit der anderen Hand versuche, Jack vom Handtuch wegzukriegen.

Treue Gefährten, die man überall hin mitnehmen kann

Neben Chihuahuas sind Yorkshire Terrier die kleinsten Hunde, die man in der Tat locker in einer etwas größeren Handtasche unterbringen kann. Diese kleinen Hunde haben ein lebhaftes und amüsantes Naturell. Trotz ihres lebhaften Temperaments sind sie ziemlich problemlos und, da man sie überall hin mitnehmen kann, sind sie wunderbare Reisegefährten.

Manche Hunde werden bzw. sind „reisekrank". Meine Yorkies sind das jedenfalls nicht, denn sie sind ganz versessen aufs Autofahren. Ich kann eigentlich kaum aus dem Haus, ohne dass die 3 Yorkies an der Haustür stehen und unbedingt mit ins Auto wollen. Haben sie dann ihren Kopf durchgesetzt, drängen sie sich alle drei auf meinen Schoß (wenn ich auf der Beifahrerseite sitze), suchen sich dort ihren Platz und machen es sich bequem. Was ein Glück, dass diese Hunde so klein sind, denn so dick, dass drei Hunde auf meinem Schoss Platz hätten, bin ich nicht.

Ich frage mich, was meine Hunde am Autofahren so begeistert. Vermutlich die schnell wechselnde Aussicht und die vielen fremden Geräusche. Jack drängt sich immer an das Seitenfenster und genießt anscheinend, was immer er da sieht. Susi nimmt meistens in der Mitte auf meinem Schoß ihren Platz ein, und zwar so, dass sie durch die Windschutzscheibe geradeaus nach vorne auf die Straße gucken kann. Es kommt ganz selten vor, dass Susi es sich während der Autofahrt auf meinem Schoß richtig bequem macht. Sie sitzt oder steht lieber auf meinem Schoß und will anscheinend der „Gefahr ins Auge" sehen. Wenn es so etwas wie Bungee Springen für Hunde gäbe, wäre meine Susi garantiert die Erste, die sich beteiligen würde. Die kleine Mini hat ihren Platz noch nicht so richtig gefunden. In der Regel macht sie es sich irgendwo zwischen den beiden großen Hunden gemütlich, kaut an einem Knochen oder schläft zusammengerollt. Sie ist auch noch viel zu verspielt und würde lieber im Auto herumspringen und alles inspizieren. Ich muss sie deshalb immer festhalten. Es ist schon passiert, dass sie sich während des Fahrens unter einen der Autositze verkrochen hatte und wir anhalten mussten, um sie da herauszuziehen.

Manchmal nehme ich Jack und Susi mit, wenn ich im Gartencenter Pflanzen einkaufe. Mini ist noch zu klein und sie bleibt dann im Auto. Ich setze die beiden, Jack und Susi, auf ein Kissen in den Einkaufswagen, wo sie friedlich sitzend es genießen, dass sie von all den Leuten bewundert und gestreichelt werden. Und ich brauche dann viel Zeit und Geduld, um meine Pflanzenkäufe zu tätigen, denn ich werde von allen Seiten auf die Hunde angesprochen.

Durch das freundliche Erscheinungsbild der Hunde hat eigentlich niemand so richtig Angst vor ihnen. Und vor allem, wenn Jack einen mit seinem Teddybär-Blick anschaut, wollen ihn alle streicheln. Er scheint da auch sehr selbstsicher zu sein, denn er merkt, was er für einen Eindruck macht und rückt sich dann schon richtig in Pose, so dass er auch gestreichelt werden kann.

Obwohl die Hunde so verschmust sind, sind sie nicht aufdringlich. Haben sie ihre Streicheleinheiten und Zuwendung erhalten, dann sind sie auch zufrieden, beschäftigen sich mit sich selbst oder schlafen.

Jack und Susi sind unterwegs nass geworden.

Mit Susi und Jack im Gartencenter

Auch kleine Hunde brauchen Auslauf

Auch wenn Yorkshire Terrier so klein sind, brauchen sie wie andere Hunde auch ihren Auslauf. Manch einer mag vielleicht denken, dass man diese Hunde verhätscheln muss, weil sie so niedlich aussehen und dass Yorkshire Terrier aufgrund ihrer kleinen Größe keinen großartigen Auslauf brauchen. Aber Yorkies brauchen genau wie andere, „große" Hunde auch ihren Auslauf. Die kleinen Hunde sind alles andere als faul. Sie haben einen großen Bewegungsdrang. Lange Spaziergänge und Wanderungen liebt der Yorkie. Ich habe den großen Vorteil, dass mein Hund Jack auf Spaziergängen und an der Leine genauso langsam läuft wie ich und insofern sind wir ein gutes Paar.

Man sollte sich die Zeit nehmen, um mit ihnen mindestens 15 Minuten täglich spazieren gehen. Yorkies sind in der Regel ausdauernde Spaziergänger. Nicht immer hat man die Möglichkeit zu ausgedehnten Spaziergängen und oft fehlt es auch an Örtlichkeiten, den Hund frei laufen zu lassen. Ich laufe z.B. nicht so gerne mit meinen Hunden an Hauptverkehrsstrassen entlang, denn ihr Kopf ist genau auf der Höhe der Autoauspuffe und meine Yorkies atmen die Autoabgase direkt ein.

Wenn immer möglich versuche ich mit ihnen bei uns an der Küste oder am Strand spazieren zu gehen. Das ist jedes Mal aufs Neue ein Erlebnis. Einerseits wusste ich gar nicht, dass und wie meine Hunde rennen können. Vor allem die kleine Mini rennt und tobt am Strand herum, dass es eine wahre Freude ist, ihr zu zusehen. Andererseits kann ich meine kleinen Hunde, deren stahlblaues Fell auch noch an die steinige Landschaft angepasst ist, manchmal gar nicht sehen und dann bin ich beunruhigt, sie könnten ja in einer Felsspalte stecken bleiben, wo ich dann nicht hinkomme, um sie zu retten.

Jack packt manchmal die Abenteuerlust und er klettert wie eine Ziege auf den Klippen herum. Ich glaube, kein anderer Hund käme auf die Idee, das zu tun und ich bin mir nicht sicher, ob er sich der Gefahr des Abrutschens bewusst ist.

Neugierig, wie die Yorkies sind, erkunden meine zwar die Küstenlandschaft, gehen aber nicht ins Wasser. Man muss Hunde von klein auf ans Wasser gewöhnen, was bei meinen großen Hunden leider nicht der Fall war. Bei Mini hole ich das jetzt nach. Sie hat zumindest schon mal keine Angst vorm Wasser und läuft da auch tapfer durch, aber ganz im Wasser war sie auch noch nicht.

Regen und Schnee macht meinen kleinen Hunden übrigens nichts aus. Wohl aber Sturm und Eis. Die kleinen Geschöpfe rutschen auf Eis mit ihren 4 Beinen genauso wie ihre Menschen mit 2 Beinen. Bei Sturm (den wir hier öfter haben) kann es schon einmal vorkommen, dass die kleinen Vierbeiner so heftig „geschubst“ werden, dass sie die Balance verlieren.

Aufgrund der langen Haare ist es ganz wichtig, den Hund, wenn er nass geworden ist, gründlich abzutrocknen, auch deswegen, damit er kein Rheuma kriegt.

Jack kaum von den Steinen zu unterscheiden

Susi verteidigt ihr Terrain auf der Terrasse.

Yorkshire Terrier – klein, aber oho!

So klein und possierlich wie die Yorkies nun mal sind, so sind sie doch Terrier und keine ausgesprochenen Schoßhunde, wie man vielleicht annehmen würde. Trotz ihrer kleinen Größe verkörpern die Yorkies den Ruf, mutig, belastbar und sehr neugierig zu sein. Als echte Terrier passen sie auf ihr Heim und ihre Menschen gut auf und verteidigen ihr Zuhause tapfer. Sie sind durchaus als aufmerksame Wachhunde zu gebrauchen, die sich weder von fremden Leuten noch von größeren Hunden fürchten oder einschüchtern lassen. Sie lieben ihre Menschen über alles und sobald sie Gefahr wittern, springen sie auf, knurren ganz schrecklich und bellen laut.

Das kann ich nur bestätigen. Meine Hündin Susi, kaum 25 cm hoch, stand an der Gartentür und bellte unerschrocken einen Rottweiler, so groß wie ein Kalb, an. Der Rottweiler hätte sich nur einmal kurz gegen das Gartentor zu schmeißen brauchen und wir wären alle platt gewesen. Das ist nur ein Beispiel wie Susi ohne Wenn und Aber Haus & Hof verteidigt und sich nichts gefallen lässt. Ich weiß jetzt auch, weshalb so kleine Hunde "Wadenbeißer" genannt werden. Wenn sie nämlich beißen, dann aufgrund ihrer geringen Größe nur in die Wade von Menschen. Das musste einer der Freunde meines Lebensgefährten erleben. Dieser hatte sich von Susi nicht abschrecken lassen und kam in unseren Garten. Da ist dann Susi böse geworden, biss ihn kurz in die Wade und trat sofort den Rückzug an, damit sie nicht verletzt würde.

Fremde Menschen hält Susi sich mit schrecklichem Knurren auf Distanz. Ist das Eis aber einmal gebrochen, dann gibt es kein Halten mehr und sie ist der treueste Hund, den man sich vorstellen kann.

Wenn ich mit meinen Hunden unterwegs bin und sie an die kurze Leine nehme, wenn andere und größere Hunde uns begegnen, dann sagen diese Hundebesitzer "keine Angst, mein Hund tut ihren Hunden nichts". Das mag ja gut sein, aber ich kann für meine Hunde und speziell für Susi nichts garantieren. Vor allen Dingen Susi, dieser Zwerg, geht auch auf große Hunde los. Das Schlimme ist nur, dass Jack und inzwischen auch Mini sich dieses Verhalten von Susi abgeguckt haben und nun auch meinen, sie müssten anderen Hunden zeigen, was ein echter Terrier ist.

Nicht nur, dass Jack sich inzwischen wie wild gebärdet, wenn er andere Hunde sieht, nein, er knurrt mich auch immer und ständig an, wenn ihm etwas nicht behagt. Anfangs hatte ich echt etwas Angst vor diesem kleinen, heftig knurrenden Wesen, das da in seinem Hundekörbchen saß und wohl nicht wollte, dass ich ihn da alleine lasse. Jetzt weiß ich, dass Jack mir keine Angst einjagen will, sondern dass ihm irgendetwas einfach nicht gefällt und er nur etwas Aufmerksamkeit braucht. Ich tröste ihn dann immer - "mein bester, größter Hund" - und dann gibt er Ruhe. Inzwischen lache ich lauthals, wenn Jack wieder einmal knurrt und ich glaube jetzt sogar, er knurrt manchmal absichtlich, nur um mich zum Lachen zu bringen.

Auch wenn meine Yorkies knurren, bellen und beißen, sind sie nicht wirklich aggressiv. Ich habe es noch nie erlebt, dass sie die Zähne gefletscht haben oder dass sich ihr Fell gesträubt hat. Mit Ausnahme von Susi, die nicht nur bellt, sondern wirklich auch beißt, wenn sich fremde Menschen dem Haus nähern, sind die beiden anderen Hunde, Jack und Mini, friedfertig. Sie gehen auf Fremde zu, suchen den Kontakt und wollen gestreichelt werden. Wenn ein Einbrecher in unser Haus käme, würde er von Jack und Mini garantiert freudig begrüßt werden.

Kontaktfreudig wie meine Yorkshire Terrier gegenüber Menschen und Tieren sind, bellen sie frech und mutig auch schon mal Pferde, Ziegen oder Kühe, die auf der Weide stehen, an. Und sie wollen natürlich aus lauter Neugierde wissen, was das für Tiere sind, die da auf der Weide stehen. Es kam schon mal vor, dass Jack neugierig eine Kuhherde betrachtete und die Kühe anbellte. Jack hatte vorher noch nie Kühe gesehen und die Kühe hatten anscheinend noch nie so einen kleinen Hund gesehen und waren jetzt neugierig geworden, wer sie da so anbellte. Angesichts der vielen Kühe, die sich da jetzt am Zaun versammelten und auf Jack zukamen, wurde es Jack nun wohl doch etwas zu mulmig und er sah zu, dass er den Rückzug antrat. Das Lustige war, dass die Kühe jetzt wohl noch neugieriger wurden und die ganze Herde Jack verfolgte. Und mein Jack hatte es auf einmal doch sehr eilig, wegzukommen.

Mini und Jack, Freunde fürs Leben

Susi wartet auf ihr Futter.

Ursprünglich Ratten- und Mäusefänger – Die bemerkenswerte Karriere des Yorkshire Terrier

Man sollte sich beim Yorkshire Terrier nicht verschätzen – er ist ein Jagdhund, wenn auch ein kleiner. Wie der Name sagt, sind Yorkshire Terrier in erster Linie Terrier, die ursprünglich gezüchtet wurden, um unter die Erde (Terra ist lateinisch für Erde) zu gehen und dort Ratten, Mäuse und anderes Kleingetier zu jagen. Dass Yorkies heute als Schickimicki-Schoßhunde gelten, entspricht ganz und gar nicht ihrem Ursprung. Sie wurden nämlich eher aus einer Not heraus gezüchtet. Da es den Leibeigenen in England verboten war zu jagen, durften sie, wenn überhaupt, nur solche Hunde halten, die sich für die Jagd aufgrund ihrer geringen Größe nicht eigneten. Hunde wurden damals einem Größentest unterzogen. Waren sie klein genug, um durch ein Rad von ca. 18 cm zu passen, durften sie behalten werden. Im Laufe der Zeit wurden diese kleinen, robusten, terrier-artigen Hunde von Bergarbeitern in Yorkshire als Rattenfänger in den Bergwerken eingesetzt. Auch wenn der Yorkie zur Ratten- und Mäusejagd weit weniger geeignet ist, als sein Ruf es ihm nachsagt, so zeichnet er sich doch aber auch heute noch durch Unerschrockenheit und Ausdauer aus.

Meine kleine Hündin Mini hat diesen "Mäusejäger-Instinkt" noch in sich, auch wenn sie heute lieber Katzen im Garten jagt. Dieser Mini-Hund, wie im Übrigen auch Susi, spürt anscheinend sogar im Haus, wenn sich draußen eine Katze herumtreibt und dann kann sie nichts und niemand aufhalten - sie will nach draußen und rennt laut bellend auf die Katze / Katzen zu. Ich stehe jedes Mal tausend Ängste aus. Die Katzen, die in der Regel 3x so groß sind wie mein Hund, brauchen nur einmal die Tatzen zu heben und Mini eins auswischen, dann ist mein Hund ernsthaft wenn nicht sogar tödlich verletzt. Aber Mini stört das nicht weiter - unerschrocken geht sie auf die Katzen los und verjagt sie aus dem Garten und will dann ganz stolz von mir ihre Belohnung.

Jack hingegen reagiert sehr empfindlich auf hohe Töne, so wie sie auch von Mäusen erzeugt werden. Er wird dann ganz nervös und bellt. Hätten wir sein Verhalten damals richtig verstanden, hätten wir wohl keine Maus im Haus gehabt, die meine Bonbons angeknabbert hatte.

Mini jagt am liebsten Katzen.

Mini, Susi und Jack (von links nach rechts) faulenzen heute.

Geschichtliches

Die Entwicklung zum Yorkshire Terrier wie man ihn heute kennt zog sich bis in die 80er Jahre des 19. Jahrhunderts hin. Es existieren keine Aufzeichnungen über die Entstehung und die Entwicklung der Yorkshire Terrier, was vermutlich daran liegt, dass es damals keine Zuchtbücher oder dergleichen gab. Von daher ist es nicht ganz sicher, welche Hunderasse genau an der Entstehung und an der Entwicklung der Yorkshire Terrier beteiligt war und ob seine Entstehung nun in England oder in Schottland stattgefunden hatte. Fest steht nur, dass der Yorkshire Terrier schottische Vorfahren hat.

Da es Leibeigenen und Arbeitern gesetzlich untersagt war, größere Hunde zu besitzen - denn diese könnten ja im Jagdrevier wildern - kam es zur Züchtung einer Vielfalt von kleinen Hunden. Um nicht als „groß“ zu gelten, durften diese Hunde nur so klein sein, dass sie durch ein Wagenrad von 18 cm Durchmesser passten. In der Folge züchteten britische Hundeenthusiasten durch diverse Kreuzungen Hunde, die ihren Bedürfnissen entsprachen und es entstand eine Vielzahl von kurzbeinigen und länglichen Hunden. Insbesondere Weber und Bergarbeiter wollten einen kleinen Hund, um mit der Ratten- und Mäuseplage fertig zu werden.

Die Hunde wurden aber auch zum Vergnügen benutzt und wurden gegen Ende des 19. Jahrhunderts bei den zunehmend populär werdenden Wettkämpfen im Rattenbeißen eingesetzt. Ziel und Zweck dieser Kämpfe war es, innerhalb einer vorgegebenen Zeit so viele Ratten wie möglich totzubeißen. Dabei erwiesen sich diese kleinen Terrier mit ihrem feurigen Temperament als besonders geschickt. Da diese Wettkämpfe auf kleinstem Raum stattfanden, wurden sie oftmals auch in Pubs als abendliche Unterhaltung durchgeführt.

Vermutlich haben die damaligen Arbeiter für ihre gezüchteten Hunde Hundeschauen durchgeführt, denn es war zur damaligen Zeit durchaus üblich, alle möglichen Tiere auszustellen, um einen Preis für das beste Tier zu erhalten. Da es keine Aufzeichnungen gab (Stammbaum oder Ähnliches), verblieb das Know-how der Zucht der kleinen Hunde, die nun auch in bürgerlichen Kreisen immer beliebter wurden, bei den Webern und Bergarbeitern, die aus ihrem Zucht-Wissen durchaus Kapital schlagen konnten.

Ende der 70er Jahre des 19. Jahrhunderts war der kleine Hund schon so populär, dass er als Modeanhängsel von den Damen der feinen Gesellschaft herumgetragen wurde. Für die Weber und Bergarbeiter war dies eine gute Gelegenheit, ihr karges Einkommen zu verbessern und die Hunde zu verkaufen.

Offiziell anerkannt wurde der Yorkshire Terrier als solcher 1886 vom britischen Kennel Club (Dachverband englischer Rassehundezuchtvereine). Das Erscheinungsbild der Rasse hat sich bis zur heutigen Zeit kaum merklich verändert. Die heutige weltweite Beliebtheit des Yorkies als glamouröser Schoßhund lässt einen kaum glauben, dass er ursprünglich ein wackerer "Arbeiterhund" im doppelten Sinne des Wortes war - von Webern sowie von Berg- und Mühlenarbeitern zum Zwecke der Ratten- und Mäusejagd in den Unterkünften und den Arbeitsstätten der Arbeiterviertel gezüchtet und eingesetzt.

Heute wird der Yorkie eher als Mode Accessoire und weniger als "Jagdhund" betrachtet. Diese Popularität ist nicht ganz unproblematisch, denn skrupellose Geschäftemacher nutzten und nutzen diesen Modetrend, um in kurzer Zeit relativ viel Geld zu machen. Ohne etwa auf Rassestandards zu achten und nur des Geldes wegen wird gezüchtet und verkauft. So werden dann auch sogenannte „Mini (Tea Cup) Yorkshire Terrier“ angeboten, die es aber als Rasse oder Varietät gar nicht gibt.

Wissenswertes und Nützliches – Praktische Tipps und Hinweise

- **Charakter**

Yorkshire Terrier haben ein liebenswertes Temperament und viele gute Charaktereigenschaften. Sie sind verschmust und anschmiegsam, aber auch sehr intelligent und wissbegierig und lernen erstaunlich schnell. Ohne Zweifel sind sie weltweit eine der beliebtesten Zwerghunderassen überhaupt.

Sie sind trotz ihrer kleinen Größe exzellente Wachhunde, die ihr Zuhause tapfer verteidigen. Ihnen entgeht nichts. Durch ihre wachsamen Augen und Ohren bekommen sie alles mit.

Man sollte bedenken, auch wenn Yorkies so klein sind und es mögen, von ihren Besitzern verhätschelt zu werden, so sind sie im Grunde doch Terrier, die neben Zuwendung auch Auslauf und Aktivitäten brauchen.

Aufpassen bei Kindern.
Auch wenn Yorkshire Terrier kleine, süße Hunde sind, sind sie nicht unbedingt freundlich zu Kindern. Zwar vertragen sich Yorkshire Terrier und Kinder in aller Regel, aber besser ist es, wenn beide zusammen aufwachsen und von klein auf den Umgang miteinander gelernt haben.

Yorkies sind nun mal durch und durch Terrier, die ihr Territorium wacker verteidigen und dies gilt auch gegenüber Kindern. Yorkies neigen dazu, zu schnappen und Kinder meinen oft, weil der Hund so klein ist, könnten sie den Hund leicht heben. Mir ist es schon passiert, dass Kinder meinen Hund Jack fallen gelassen haben, weil der kleine Kerl den Kindern dann doch zu schwer war.

Ein Yorkshire Terrier überlegt nicht 2x und schnappt zu, wenn er absichtlich oder versehentlich von Kindern geneckt oder gequält wird (z.B. an den Ohren ziehen oder auf den Schwanz treten).

In der Regel sind Yorkies zwar tolerant gegenüber Kindern, doch sollten Kinder wissen, dass Yorkshire Terrier kleine Hunde mit kleinen Knochen sind, die leicht brechen. Kinder müssen lernen, wie sie richtig mit einem so kleinen Hund umgehen und ihm als Lebewesen gebührend Respekt zeigen.

!!! Ein Yorkie ist keine Puppe!

Ein Yorkshire Terrier hat immer eine stolze, aufrechte Haltung, durch die er seine geringe Größe gut ausgleichen kann. Normalerweise haben diese Hunde eine schöne Rute, es sei denn, diese wurde chirurgisch gekürzt (kupiert), was innerhalb von 3 – 5 Tagen nach der Geburt gemacht werden muss. Das Kupieren ist kein Zeichen für Reinrassigkeit und auch nicht notwendig. In Deutschland ist das Kupieren seit 1968 verboten.

Die Widerristhöhe (das ist der erhöhte Übergang vom Hals zum Rücken) betrug zu Beginn der Yorkshire Terrier Zucht ca. 40 – 45 cm. Erst im Verlauf des 20. Jahrhunderts hat sich die jetzt gültige Größe (25 cm) durchgesetzt.

- **Standard**

Der Standard legt genau fest, wie die Hunderasse zu sein hat (Aussehen, Größe, Gewicht, Wesen, etc.) und geht dabei vielfach von einem Idealzustand aus. Züchter müssen sich an den Standard (der übrigens von Land zu Land variieren kann) halten. Er wird von den Hundeclubs aufgestellt und vom FCI (Federation Cynologique Internationale) genehmigt.

Entgegen vieler Annahmen gibt es nur einen Standard, nach dem gezüchtet wird, auch wenn Yorkshire Terrier mal größer und mal kleiner ausfallen. Normalerweise ist ein Yorkie gemessen bis zur Schulter 25 cm hoch und wiegt 2,4 bis 3,1 Kg. Aufgrund ihrer körperlich kleinen Größe fallen Yorkshire Terrier in die Klasse Zwerghunderasse (im Englischen übrigens "Toy" Dog).

Sie haben einen kompakten und ziemlich gut proportionierten Körperbau, spitze aufrechte Ohren, die ziemlich hoch am Kopf angesetzt sind, einen geraden Rücken und einen relativ zierlichen Kopf.

Typisch ist das seidig glänzende, lange Haar, welches auf der Rückenmitte gescheitelt ist. Das Haar sollte vollkommen glatt und gerade sein und nicht gewellt. An der Vorderseite des Kopfes sollte das Fell lohfarben sein. Am Rücken sollte es ein dunkles Stahlblau sein. An der Brust und an der Bauchseite sollte es hell lohfarben sein.

Im Übrigen gilt, dass die „technischen“ Details dann wichtig sind, wenn man seinen Hund auf Hundeschauen zeigen will. Gewelltes Haar oder Verfärbungen z.B. auf dem Rücken oder runde Ohren sowie zu kurze Haare oder Übergewicht sind einige Beispiele für „technisch“

nicht korrekte Details, bei denen es auf Hundeschauen aber ankommt.

Andere Mängel wie z.B. krumme Beine, schiefer Rücken oder Vorbiss können auf gesundheitliche Probleme hinweisen. Hunde mit solchen Merkmalen sollten nicht gekauft werden.

Fell, Größe und Haarfarbe sind die unverkennbaren äußeren Merkmale dieses Hundes. Es ist jedoch der Terrier in ihm, der ihm das spezielle Etwas, nämlich seine unerschrockene Grundhaltung gibt.

- **Erziehung und Training**

Yorkshire Terrier sind im Prinzip lernwillige und gehorsame kleine Hunde. Je früher man mit der Erziehung beginnt, desto besser. Was die Ausbildung im Allgemeinen anbelangt, so lernen Yorkshire Terrier ziemlich schnell. Ein gewisses Maß an Grundgehorsam (Sitz!, Platz!, bei Fuß!) ist ihnen schnell beigebracht. Da sie wissbegierig und neugierig sind, kann man ihnen leicht auch Tricks beibringen. Da sie es lieben, diese Tricks vorzuführen, sind sie auch so gut für Hundeschauen geeignet.

Kleine Hunderassen und Welpen verleiten oft die Besitzer, sich nicht hundgerecht zu verhalten. Bei der Erziehung sollte darauf geachtet werden, dass die Yorkies entsprechend ihrer Züchtung aufwachsen. Der Yorkshire Terrier ist ein Rudeltier und erwartet wie alle Hunde, dass sein Mensch die Rolle des Rudelführers übernimmt und klare Anweisungen gibt. Gerade weil Yorkshire Terrier so klein und niedlich sind, muss man ihnen konsequent und unmissverständlich beibringen, Erwünschtes zu tun und Unerlaubtes zu lassen. Auch so ein kleiner Hund muss erzogen werden und muss lernen zu gehorchen.

!!! Ein Nein ist ein Nein!

Im Englischen gehören Yorkshire Terrier zur Klasse der „Toy Dogs“, werden also als „Spielzeughund“ klassifiziert. Auch wenn die Vorstellung zu Spielzeug oder Baby bei diesen possierlichen Hunden nahe liegt, so darf man sie keineswegs als Spielzeug oder Baby behandeln. Auslauf, Bewegung und spielerische Aktivitäten sind für sie sehr wichtig.

Hunde verständigen sich über Gestik und Mimik und nicht über „Worte“. Wenn Hunde etwas nicht wollen, drehen sie den Rücken zu. Das kann man sich zunutze machen. Wenn ein Hund aufdringlich wird und bettelt, schenkt man ihm am besten keine Beachtung und dreht ihm demonstrativ den Rücken zu. Er wird lernen, dass er keine Beachtung findet und sein Betteln einstellen.

- **Stubenreinheit**

In der Regel sind Yorkshire Terrier ziemlich schnell stubenrein. Man muss allerdings auch bei diesen kleinen Hunden bestimmend und unbeirrbar sein.

Während ausgewachsene Yorkies nicht so oft nach draußen müssen, müssen Welpen mindestens 6x am Tag nach draußen, um ihr Geschäft zu erledigen. Was in den Hund reingeht, muss auch wieder raus. Deshalb ist es ideal, den Welpen nach jeder Mahlzeit raus zu lassen. Man kann Yorkies auch dazu erziehen, auf Papier oder Ähnliches im Haus zu machen, wenn man z.B. aufgrund von schlechten Wetterbedingungen nicht nach draußen kann. Eine Dauerlösung sollte dies aber nicht sein, denn diese Hunde brauchen Bewegung.

Neuerdings gibt es Welpen-Training-Pads, die aber nach meiner Erfahrung nicht viel gebracht haben. Auch das Papier, das wir im Haus ausgelegt hatten, damit Mini da ihr Geschäft macht, war vergeblich. Sie suchte sich ihre eigenen Plätze und die waren meistens dann auch noch schwer zugänglich für uns (z.B. hinterm Sofa).

Normalerweise kündigt auch der kleinste Welpe an, dass er muss – das kleine Schwänzchen geht dann in die Höhe und der Hund wirkt etwas nervös. Ausgewachsene Hunde drehen bzw. laufen mehrere Male auf der gleichen Stelle im Kreis, was ein Zeichen dafür ist, dass sie raus müssen. Wenn man merkt, dass der Welpe muss, dann sollte man ihn entweder sofort nach draußen bringen oder da hinsetzen, wo es erwünscht ist, dass er hinmacht. Dies sollte übrigens nicht da sein, wo der Hund frisst oder trinkt, weil Hunde dort nicht hinmachen.

!!! Man darf nicht vergessen, den Welpen über gebührend zu loben! Jedes Lob und jeder Tadel sollte unmittelbar nach der Handlung erfolgen.

Wie bei einem Baby auch muss man Geduld und Toleranz aufbringen. Man sollte dem Hund nie den Eindruck vermitteln, dass er aufgrund seiner Fehler verschmäht oder nicht gewollt wird. Es ist nicht gut, den Hund zu schlagen – egal ob mit der bloßen Hand oder mit Zeitungspapier. Der Hund kann nicht verstehen, dass ihn die Hand, die ihn füttert, auch schlägt. Er kann auch nicht verstehen, wieso er denn aufs Papier machen soll, wenn er damit geschlagen wird. In aller

Regel sind Welpen darauf bedacht, keine Fehler zu machen und ihre Menschen zu erfreuen. Es ist deshalb besser, den Hund für das, was er richtig gemacht hat, zu loben, ihn zu ermutigen und ihm ein Leckerli als Belohnung zu geben. Das heißt aber nicht, dass man ihm alle Macken durchgehen lassen soll. Man muss ihm schon auch klar machen, wenn er etwas macht, was nicht erwünscht ist. Auch wenn es brutal klingt, aber ich hatte bei Mini auch dazu gegriffen, ihr kleines Näschen (ganz sanft!) in ihr Geschäft zu stupsen und hatte mit ihr geschimpft.

Was das Anknabbern von Möbeln und Polstern, etc. anbelangt, so liegt das daran, dass die Welpen damit ihre Milchzähne loswerden. Man kann dagegen etwas tun, indem man die Möbel z. B. mit Citronella oder Cayenne Pfeffer einreibt. Hunde mögen diesen Geruch nicht und werden diese Möbelstücke dann meiden.

Ich habe gute Erfahrung damit gemacht, meiner Mini Beißringe aus Hartgummi (wie sie auch Babys gegeben werden) zu geben, an denen sie sich im wahrsten Sinne des Wortes die Zähne ausbeißen konnte.

Zur eigenen Sicherheit des Welpen ist es besser, wenn man ihn von Anfang an an die Hundebox gewöhnt. Dies gilt vor allem für nachts oder wenn er längere Zeit alleine im Haus ist. Die Hundebox sollte, solange der Welpe noch ganz klein ist, angenehm und kuschelig ausgestattet sein. Am besten ist es, wenn man in die Box etwas legt, an das sich der Welpe ankuscheln kann, z. B. einige Spiel- und Knabbersachen und eventuell etwas Wasser zum Trinken.

Die Hundebox ist auch dazu geeignet, den Hund zu transportieren sowie auch als Rückzugsmöglichkeit, wenn der Hund einmal seine Ruhe haben will. Wir haben eine Hundebox im Wohnzimmer stehen, und ab und zu geht einer der Yorkies da rein, wenn er ungestört sein will.

Generell sollte man bedenken, dass Yorkshire Terrier (egal ob jung oder alt) sich in der Gesellschaft ihrer Menschen wohlfühlen und man sollte sie nicht allzu lange alleine lassen.

- **Leinenführung**

Neugierig, wie der Yorkshire Terrier ist, will auch der Welpe bald nach draußen, um seine Umgebung zu erkunden. Es ergibt sich von selbst, dass die ersten Schritte an der Leine erfolgen sollten und auch erst nachdem der Welpe seine Impfungen hatte! Anfangs wird der kleine Welpe noch unkontrolliert hin und her laufen und wild an der Leine ziehen, weil er die Leine nicht kennt und auch nicht mag. Um den Welpen an die Leine zu gewöhnen, muss man behutsam und geduldig vorgehen. Man sollte ihn anfänglich an einer kurzen Leine führen, um ihn an den Gleichschritt mit seinen Menschen zu gewöhnen. Auch wenn der Welpe an der Leine zerrt und zieht, darf man ihn keineswegs heftig zurückziehen, weil die Knochen sehr zerbrechlich sind und man einem Welpen leicht das Genick brechen kann. Hat er sich dann an die Leine gewöhnt, kann man ihm das korrekte Laufen an der Leine (bei Fuß gehen) beibringen und ihn später an einer längeren Leine führen, damit er seiner Lauffreudigkeit nachkommen kann.

- **Täglicher Auslauf**

Viele Leute meinen, weil der Yorkshire Terrier so klein ist, sei er auch so zerbrechlich und muten ihm keine rigorosen Aktivitäten zu, die sich für diesen kleinen Hund auch noch als gefährlich erweisen könnten. Das ist natürlich Blödsinn. Yorkshire Terrier müssen genau wie große Hunde ausgeführt werden.

Zum einen sind Yorkshire Terrier – wie andere Hunde auch - Rudeltiere und für Zwinger nicht geeignet. Der tägliche Auslauf bzw. die Bewegung ist sehr wichtig für das Wachstum der Hunde und ihre allgemeine Gesundheit. Auslauf und Bewegung sind nicht nur gut für den Hund, sondern auch für seinen Besitzer/in. Beides trägt auch dazu bei, dass der Yorkshire Terrier seine Lebenserwartung von 14 – 16 Jahren erreicht.

Zum anderen liebt der Yorkie jegliche Art von Aktivitäten. Die Freizeitaktivitäten müssen ihm jedoch von klein auf beigebracht werden, sonst lernt er sie diese nicht mehr und im Alter wird er dann eher träge.

- **Futter**

Der Yorkie braucht zwar keine großen Portionen an Nahrung, aber auch wenn er klein ist, so frisst er im Prinzip das, was andere „große“ Hunde auch fressen.

Aber Vorsicht - **!!! Es ist sehr einfach, einen Yorkshire Terrier zu überfüttern!**

Fettleibigkeit ist eine ernste Gefahr für den kleinen Hund, was zu einigen unangenehmen Krankheiten wie z. B. Diabetes, Gelenkbeschwerden, Nierenversagen führen kann.

Das Futter sollte abwechslungsreich sein und alle wichtigen Nährstoffe, wie Vitamine, Proteine, Fette, Mineralien, Kohlehydrate und Rohfasern enthalten. Es sollte aus 2 Hauptportionen bestehen, die morgens und abends gegeben werden. Als Hauptnahrung reicht ein gut gehäufter Esslöffel Trockenfutter am Morgen und genauso viel Nassfutter am Nachmittag/Abend für den Yorkshire Terrier in der Regel. Als Leckereien für zwischendurch keine Süßigkeiten füttern! Will man seinem Hund etwas Gutes gönnen, sollte man ihm speziell auf seine Bedürfnisse zugeschnittene Produkte, die im Handel erhältlich sind, geben. Da der Yorkie die Abwechslung liebt, wird er auch Selbstgekochtes, Wurst, wie Schinken oder Salami oder Essensreste nicht verschmähen. Man sollte ihm aber – wie auch anderen Hunden – kein gewürztes Essen geben.

Pro Kg Körpergewicht benötigt der Yorkshire Terrier 110 Kalorien, wobei das Futter 10% seines Körpergewichts ausmachen sollte.

!!! Das Trinkwasser muss 2x täglich erneuert werden, im Sommer sogar öfter.

Im Handel sind meistens 4 unterschiedliche Futtersorten erhältlich: Trockenfutter, halbfeuchtes Futter, Dosenvollnahrung (enthält 70% Wasseranteil sowie Fleisch und pflanzliche Bestandteile) und Dosenvollnahrung (enthält einen höheren Wassergehalt und nur Fleisch und sollte deshalb mit Trockenfutter gemischt werden).

Yorkies haben übrigens manchmal einen empfindlichen Magen, weil sie zu viel, zu schnell und / oder zu fett fressen, und spucken dann schon mal alles wieder aus.

Worauf beim Futter zu achten ist:
!!! Man sollte kein rohes Schweinefleisch oder zu kaltes / zu warmes Futter geben.

Giftig für Hunde sind unter anderem:[4]

- Rohes Schweinefleisch. Das Fleisch immer gut abkochen oder ganz meiden.
- Schokolade. Enthält Theobrombin. Führt zu Adrenalinbildung und dadurch zu Herzrasen und schweren Herzarythmien.
- Zwiebel und Knoblauch. Beides führt bei Überdosierung zur Zerstörung der roten Blutkörperchen.
- Avocado enthält das Gift Persin, welches Herzmuskelschäden verursacht.
- Süßstoff (Xylitol).
- Weintrauben und Rosinen können zu Nierenversagen, stark erhöhten Nierenwerten und zu viel Kalzium im Blut (Hyperkalzämie) führen.
- Obstkerne.
- Rohe Kartoffeln, Paprika, Tomaten sind Nachtschattengewächse, die in den grünen Stellen das Gift Solanin enthalten.
- Alkohol.
- Nikotin (Vorsicht bei Zigarettenstummel!).

Symptome von Vergiftungen können sein: Magenkrämpfe, Erbrechen und Durchfall. In einigen Fällen auch Nierenversagen.

Darüber hinaus darf man generell Hunden keine Geflügelknochen zum Kauen geben. Im Unterschied zu

---

[4] Diese Aufstellung erhebt keinen Anspruch auf Vollständigkeit. Die Gefährlichkeit / Giftigkeit von Weintrauben und Knoblauch ist umstritten.

Rinderknochen sind Geflügelknochen sehr porös und zerbrechen leicht. Die scharfen Spitzen der Knochen können zu gefährlichen Verletzungen führen, wenn sie im Hals des Hundes stecken bleiben.

Hunde haben in der Regel einen ausgeprägten Instinkt, was ihnen bekommt und was nicht. Man sollte sich im Übrigen nicht wundern, wenn der Hund einmal Gras frisst. Das braucht er, um seinen Magen zu reinigen.

- **Gesundheit und Tierarzt**

Yorkshire Terrier sind im Prinzip widerstandsfähige und robuste Hunde, die über eine gute Gesundheit und ein langes Leben verfügen. Sie können 15 Jahre und älter werden.

Konsequente **Schutzimpfungen** sind unerlässlich. Nicht nur, um den Hund zu schützen, sondern weil bestimmte Krankheiten auf den Menschen übertragen werden können (wie z.B. Tollwut oder Leptospirose).

Konkret sollte jeder Hund gegen folgende Krankheiten geimpft werden:

- Tollwut (Infektionskrankheit)
- Leptospirose (durch Bakterien übertragene Krankheit)
- Hepatitis (ansteckende Entzündung der Leber)
- Parvovirose (Infektionskrankheit)
- Staupe (Infektionskrankheit)
- Zwingerhusten (Infektionskrankheit)

- **Gesundheitliche Probleme und Krankheiten**

Ganz allgemein gesagt können innerliche und äußerliche Krankheiten auftreten. Die Ursachen können sehr vielfältig sein: Parasiten, Vergiftungen und Verletzungen, Verschlucken von Fremdkörpern, erblich bedingte und angeborene Erkrankungen.

Es gibt einige gesundheitliche Probleme, zu denen Yorkshire Terrier speziell neigen. Das sind hauptsächlich Probleme an den Gelenken, den Augen, der Leber und den Atmungswegen. Ferner gibt es Probleme bei den Zähnen, hauptsächlich Parodontose, durch zu viele Zähne in dem kleinen Mäulchen. Bei Yorkshire Terriern kann es passieren, dass die Milchzähne nicht herausfallen und die neuen Zähne aber nachwachsen. Die Ursache hierfür liegt darin, dass Yorkshire Terrier als ursprüngliche Rattenfänger lange Zahnwurzeln entwickelt haben.

Auch können Probleme beim Gebähren auftreten, weil Yorkshire Terrier ein zu enges Becken haben. Je nachdem wie groß eine Yorkshire Terrier Hündin ist, besteht ein Wurf aus 1 bis 6 Welpen.

Darüber hinaus gibt es eine ganze Reihe genetisch degenerative Defekte, die insbesondere auf die kleineren Hunderassen, inklusive Yorkshire Terrier, zutreffen. Das können z.B. sein:

- Hydrozephalus (Wasserkopf)
- Blasen- und Nierenkrankheiten
- Patellaluxation: eine Missbildung des Kniegelenks bzw. der Kniescheibe und ist bei Yorkshire Terriern ein verbreiteter Gendefekt.

- Portosystemischer Shunt: eine angeborene Gefäßanomalie der Pfortader (welche Blut in die Leber für die Reinigung bringt).
- Trachealkollaps (Zusammenklappen der Luftröhre): verursacht durch eine fortschreitende Schwächung der Wände der Luftröhre; tritt in vielen Kleinstrassen auf, vor allem bei sehr kleinen Yorkshire Terriern.
- Perthe's disease (Morbus Perthés): Führt zu einer schmerzhaften Degeneration des Femurkopfes (Oberschenkelknochen).

!!! Caniner Diabetes mellitus ist die Bezeichnung für Zuckerkrankheit, an der auch der Hund erkranken kann. Also Vorsicht und dem Yorkie **keine Süßigkeiten** füttern!

Man sollte regelmäßig (alle 1-2 Jahre) zum Tierarzt gehen, um seinen Yorkie auf Krankheiten untersuchen zu lassen.

Man kann auch leicht selbst erkennen, ob der Hund krank ist. Die Symptome äußern sich immer folgendermaßen: Appetitlosigkeit, Durchfall, Erbrechen, stumpfe Augen, stumpfes Fell, warme und/oder laufende Nase, hohe Temperatur. Wenn der Hund apathisch in seinem Bett liegt, kein Interesse an Futter hat und nicht mehr spielen will, dann ist er mit hoher Wahrscheinlichkeit krank und man sollte schnellst möglich einen Tierarzt aufsuchen.

Um festzustellen, ob der Hund krank ist, kann man auch zunächst selbst Fieber messen. Dazu muss man ein Fieberthermometer in den After des Hundes einführen. Die Körpertemperatur beträgt normalerweise 38° – 39°. Ist die gemessene Temperatur höher, dann liegt sehr wahrscheinlich eine Krankheit vor.

Erste Hilfe bei Unfällen und blutenden Verletzungen ist im Prinzip genauso wie bei Menschen: Blutung stoppen, Wunde reinigen und verbinden, um Infektionen zu vermeiden. Keine Wattepads verwenden, denn diese verkleben die Wunde und verschlimmern die Verletzung.

Ist der Hund von **Parasiten** befallen, innerlich z.B. Band- oder Spulwürmer, so macht man eine Wurmkur. Ein Anzeichen dafür kann sein, dass der Hund ständig Futter will, aber nicht zunimmt. Im Handel gibt es speziell auf kleine Hunderassen zugeschnittene Entwurmungstabletten, die man unter das Futter mischt. Außenparasiten sind z.B. Läuse, Flöhe, Milben, usw., die man mit speziellen Sprays, Shampoos oder Bädern behandeln kann.

!!! Jegliche Chemikalien (dazu gehören auch Spül- und Reinigungsmittel) sollten außerhalb der Reichweite dieser neugierigen Hunde aufbewahrt werden!

Manchmal ist es schwierig zu beurteilen, wie schwer eine Verletzung oder Krankheit tatsächlich ist. In Zweifelsfällen sollte man **sofort** zum Tierarzt gehen.

- **Medizin verabreichen**

Wenn Medizin verabreicht werden muss, dann empfiehlt es sich folgendermaßen vorzugehen:

Bei **flüssiger Medizin** zieht man am besten die Lippen seitlich vom Mund auseinander und träufelt die Medizin zwischen den Zähnen unter der Zunge ein.

Tabletten verabreicht man, indem man den Kopf nach hinten hält, dem Hund das Maul öffnet und dann die Pille so tief wie möglich in den Rachen steckt. Dabei geht man folgendermaßen vor: Die Hand über die Hundeschnauze legen und mit den Fingern die Lippen rechts und links am Kiefer gegen die Zähne pressen, um das Maul zu öffnen. Dann die Pille so tief wie möglich in den Rachen stecken. Danach hält man Maul und Schnauze solange geschlossen, bis die Pille geschluckt ist. Gleichzeitig sollte man dem Hund über Kopf und Nacken streicheln, um ihn zu beruhigen und ihn ermutigen, die Pille zu schlucken. Aber Achtung – die Yorkies sind schlau! Wenn man nicht aufpasst, dann spucken sie die Pille wieder aus. Man muss etwas Geduld mitbringen, denn diese Prozedur kann sich über zig Male hinziehen.

- **Pflege**

Yorkshire Terrier brauchen besondere Pflege, was ihre Augen und Zähne anbelangt. Wenn die Augen nicht regelmäßig sauber gemacht werden, verklumpt das Augenwasser am Fell und es wird zunehmend schwieriger, diese Verklebung zu entfernen. Man sollte ihnen deshalb täglich das Gesicht waschen, bzw. die Augen säubern. Dazu braucht man keine aufwendigen „Pflegeprodukte“ – es reicht ein kleiner Waschlappen und etwas warmes Wasser.

Die Krallen müssen regelmäßig geschnitten werden.
!!! Beim Krallenschneiden aber unbedingt darauf achten, dass die inneren Blutgefäße der Krallen nicht verletzt werden.

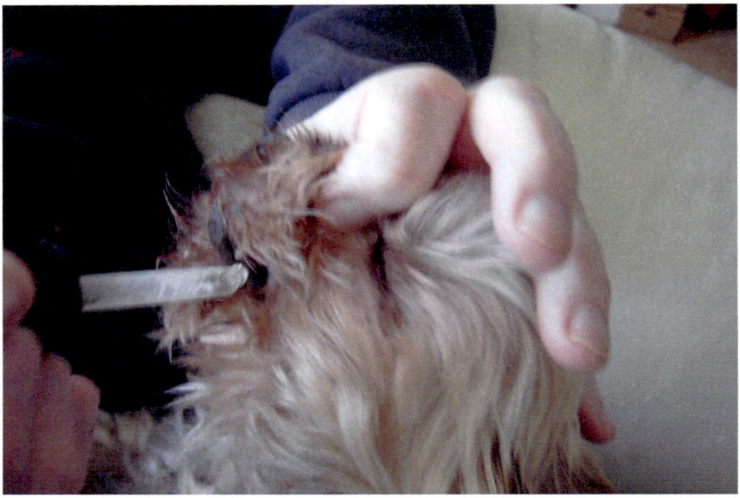
Flüssige Medizin verabreichen.

Spielsachen von Mini

- **Zähne**

Anders als beim Menschen bekommen Hunde keinen Karies. Allerdings neigen Yorkshire Terrier ziemlich schnell zu Zahnstein und Zahnbelag. Wenn dies nicht beseitigt wird, können Infektionen entstehen, durch welche dann letztendlich nicht nur die Zähne zerstört werden, sondern es kann auch zu Schäden an Herz und Nieren kommen.

Hunde haben ein instinktives Verlangen danach, ihre Zähne zu reinigen, den Gaumen zu massieren und den Kiefer zu bewegen. Sie brauchen deshalb unbedingt etwas zum Kauen. Bei Welpen kommt noch hinzu, dass sie etwas zum Beißen brauchen, damit sich Zähne und Kiefer gut entwickeln können. Wenn man ihnen nichts zum Beißen gibt, knabbern sie Möbel und andere Gegenstände an. Empfehlenswert sind Rinderknochen, die jedoch, wenn sie zu oft bzw. über einen längeren Zeitraum gekaut werden, zur schnelleren Abnutzung der Zähne führen können. Die Knochen müssen vorher gut ausgekocht werden, um Bakterien abzutöten.

Unabhängig davon gibt es diverse Produkte, die gut verdauliche Zahnpflege und Snack in einem sind und mit denen ich gute Erfahrung gemacht habe.

- **Fellpflege**

Dadurch, dass die Haare immer wachsen, müssen sie geschnitten werden. Man kann es auch selbst tun und es ist kein Problem, wenn man den Hund von klein auf daran gewöhnt hat. Schneidet man dem Hund nicht selbst die Haare, geht man zum Hundefriseur, wo in der Regel auch die Krallen geschnitten werden.

Möchte man mit dem Yorkie an Hundeschauen teilnehmen, **muss** man die Haare wachsen lassen. Das Fell ist zwar leicht zu pflegen, aber die Pflege ist zeitaufwendig. Es muss täglich gebürstet und gekämmt werden, was unter Umständen bis zu 1 Stunde dauern kann. Es wird empfohlen, keine harten Borsten, wie zum Beispiel Draht oder Kunststoffborsten zu benutzen.

Ich bin der Meinung, dass man Yorkies zwar regelmäßig bürsten und kämmen, aber nicht so oft waschen sollte. Es reicht völlig, wenn sie 1x im Monat gebadet werden, bzw. nur dann, wenn sie wirklich schmutzig sind. Das natürliche Fett, das in den Haaren ist und auch einen Schutz darstellt, wird mit jedem Waschen herausgewaschen.

Yorkshire Terrier sollten immer abgetrocknet werden, wenn sie nass sind, und man sollte nach dem Baden mindestens 1 Stunde warten, bevor man sie wieder ins Freie lässt.

- **Welpen**

Welpen sind, wenn sie auf die Welt kommen, fast schwarz mit einigen hellen Stellen. Das Fell der Welpen wächst wie bei ausgewachsenen Yorkshire Terriern ständig und muss entsprechend gepflegt werden, weil es sonst verzottelt. Es dauert bis zu 2 Jahren, bis sich die richtige Farbe des Fells entwickelt hat.

Welpen sollten weder ängstlich, noch schreckhaft oder aggressiv sein. Ängstlichkeit oder Aggressivität können Anzeichen für Verhaltensstörungen sein. Beim Kauf von Welpen darauf achten, dass sie aufgeweckt, verspielt und neugierig sind.

Laut Züchter beginnt mit ca. 8 Wochen die Orientierungsphase und jeder Besitzerwechsel wird danach für den Hund schwieriger.

Beim Kauf von Welpen sollte man überlegen, wo man sie kauft bzw. wem man sein Vertrauen schenkt. Man sollte unbedingt und immer darauf achten, wie und wo die Hunde gehalten werden und ob sie z. B. schon als Welpen ausgewogene Nahrung bekommen.

Man sollte auf jeden Fall misstrauisch werden, wenn

- die Welpen allgemein im schlechten Zustand sind. Das können z. B. sein: Zu dünn (Welpen haben „Babyspeck"), stumpfes Fell, tränende Augen;
- die Welpen aggressiv oder apathisch sind oder verstört wirken;
- die Welpen nicht sauber sind (schmutziges, zotteliges Fell);
- der Züchter mehrere Rassen züchtet;
- der Züchter die Eltern bzw. die Mutter des Welpen nicht zeigen will.

Gewissenhafte Züchter züchten ihre Hunde nur auf Basis von physisch und psychisch gesunden Tieren von auserwählten Zwingern mit hoher Qualität, die darum bemüht sind, den Standard zu erhalten und Krankheiten zu eliminieren.

Darum empfehle ich, Yorkshire Terrier (wie auch andere Hunde) nur bei einem seriösen Züchter zu kaufen und nicht im Laden oder von einer „Welpen-Farm" (Massentierproduktion). Ein Hund, der aus unseriösen Quellen stammt, kann unter Umständen hohe Tierarztrechnungen und viel Aufregung verursachen. Ein seriöser Züchter hingegen bietet in der Regel dem

Käufer immer auch Hilfe und Unterstützung für den gekauften Hund an.

!!! Man sollte nie einen Hund aus Mitleid kaufen!

- ## Anschaffung und Kosten

Für Hundeliebhaber, die sich keinen großen Hund halten können oder wollen, sind Yorkshire Terrier ideal. In der Anschaffung sind diese kleinen Hunde aber nicht ganz billig. Bei einem guten Züchter, der Mitglied im Hundezuchtverband ist und keine degenerierten Hunde verkauft, kann ein Welpe an die 1000 Euro und mehr kosten. Das ist zwar viel Geld, aber bei guter Pflege kann der Yorkie auch – gemessen in Hundejahren – „Asbach uralt" werden.

Vor dem Kauf eines Yorkshire Terriers sollte man bedenken, dass der Hund – wie jeder andere auch – gefüttert, gepflegt und ausgeführt werden muss. Man sollte sich deshalb vor dem Kauf eines Hundes überlegen, ob man diese tägliche Mehrarbeit in Kauf nehmen will. Bei der Anschaffung eines Yorkshire Terriers ist auch zu berücksichtigen, dass dieser ein sehr „gesellschaftliches" Wesen ist – er braucht die Gesellschaft von Menschen oder zumindest anderer Haustiere. Wenn man den ganzen Tag berufstätig ist und der Hund den ganzen Tag alleine ist, sollte man auf einen Yorkshire Terrier verzichten.

Auch wenn der Yorkshire Terrier in allem eigentlich pflegeleicht ist, so gehört das „Gehorchen" nicht zu seinen Stärken. Da kommen bei ihm dann doch die Terriernatur und die entsprechende „Dickköpfigkeit" zum Ausdruck. Wer einen Hund will, der auf das Wort gehorcht, der sollte sich lieber eine andere Rasse anschaffen.

- **Urlaub mit dem Yorkshire Terrier**

Yorkshire Terrier können fast überall hin mitgenommen werden, auch im Flugzeug als Handgepäck (bis 50 cm Länge und bis 5 kg. Gewicht). Manche Fluggesellschaften bieten extra Boxen an, die unter den Vordersitz passen. Da nicht alle Fluggesellschaften kleine Hunde im Handgepäck erlauben, sollte man sich vor Reiseantritt genauestens erkundigen. Gleiches gilt für Hotels, Pensionen, etc. Auch hier sollte man vorher nachfragen, ob Hunde erlaubt sind. Nimmt man seinen Yorkie mit in Urlaub, dann sollte man ihm auch ein paar seiner Sachen einpacken: wie Wasser- und Fressnapf, Spielsachen, Bürste, Handtuch und Waschlappen sowie vor allem seine Hundeleine. Es empfiehlt sich auch für unterwegs etwas Trinkwasser und Futter mitzunehmen.

Der EU-Heimtierausweis

Die Anforderungen an die Einreise von Hunden sind ganz unterschiedlich geregelt und man sollte sich deshalb vorher genau über die Bedingungen des Reiselandes erkundigen. Auskünfte zu den verschiedenen Einreisebedingungen geben in der Regel die zuständigen Veterinärämter.

Für die Länder der Europäischen Union gibt es den EU Heimtierausweis, der vom Tierarzt speziell auf den Hund ausgestellt wird. Dazu wird entweder ein Mikrochip oder eine Kennzeichnungsnummer (Tätowierung ab 2012 nicht mehr gültig), z.B. am Ohr angebracht. Diese Nummer wie auch Angaben über den Hund und seinen Besitzer sowie der tierärztliche Nachweis über einen gültigen Impfschutz gegen Tollwut müssen in diesem Ausweis eingetragen sein. Die Impfung muss mindestens 30 Tage vor der Reise / Einreise erfolgt und abgeschlossen sein, sie darf nicht länger als 12 Monate zurückliegen und es dürfen keinen weiteren Impfungen ausstehen. Die Impfpflicht gilt übrigens auch für Welpen ab 3 Monaten.

Für einige Länder, wie das Vereinigte Königreich, Republik Irland, Malta und Schweden reicht eine „einfache“ Tollwutimpfung nicht aus. Hier wird speziell ein Nachweis über eine Bluttiteruntersuchung auf Tollwutantikörper gefordert. Die Kennzeichnung darf in diesen Ländern ausschließlich nur mit Mikrochip erfolgen (Tätowierung wird nicht akzeptiert). Außerdem braucht man den Nachweis einer Zecken- und Bandwurmbehandlung.

!!! Wichtig: Für die Einreise sollte der Tierbesitzer mit einer Vorbereitungszeit von mindestens einem halben Jahr rechnen!

Auch wenn das Mitnehmen und Einreisen von Hunden innerhalb der EU vereinheitlicht wurde, so gibt es dennoch eine Fülle von länderspezifischen Ausnahmen und Songerregelungen. In Dänemark und Frankreich ist z.B. die Einreise bestimmter Hunderassen verboten. Auch was Maulkorb und Hundeleine anbelangt, sind die Anforderungen ganz unterschiedlich. Am besten erkundigt man sich vorab über die Bestimmungen im Urlaubsland.

Mini, Susi und Jack (von oben nach unten) haben unser Sofa in Beschlag genommen.

Summa summarum

Der Yorkshire Terrier ist ein ziemlich pflegeleichter, robuster und temperamentvoller Hund – ein „Kampfschmuser" -, der zwar tägliche Zuwendung und etwas Pflege braucht, aber auch sehr anpassungsfähig ist und deshalb auch gut für kleinere Wohnung geeignet ist. Da er einer der wenigen Hunderassen angehört, die keinen Haarwechsel haben, ist der Yorkshire Terrier auch für Allergiker gut geeignet. Aufgrund seiner geringen Größe und Gewichts kann man Yorkies meistens sogar auch als Handgepäck im Flugzeug mitnehmen.

Einerseits ist der Yorkie sehr neugierig und unternehmenslustig. Auf der anderen Seite verfügt er über einen festen Willen, der - typisch Terrier – in Dickköpfigkeit umschlagen kann. Wenn man nicht aufpasst, wird aus einem Yorkshire Terrier schnell ein Tyrann. Auch diese kleinen niedlichen Hunde müssen erzogen werden, was jedoch aufgrund der Lernfähigkeit dieser Hunderasse kein Problem ist.

Aufgrund seiner kleinen Größe und seines niedlichen Aussehens wird allzu oft vergessen, dass auch ein so kleiner Hund nicht nur erzogen werden muss, sondern auch genauso artgerecht gehalten werden will wie große Hunde. Der Yorkshire Terrier braucht seinen täglichen Auslauf und – hundgerechtes – Futter. Süßigkeiten sind für Hunde mehr als überflüssig, weil sie außer einem hohen Zuckergehalt keine wichtigen Nährstoffe liefern. Will man seinem Yorkie etwas Gutes gönnen, dann kann man ihm ein auf seine Ernährungsbedürfnisse zugeschnittenes Leckerli geben. Denn das Letzte, was man will, ist ein zu sehr verhätschelter, ein über-aggressiver und / oder verwöhnter, übergewichtiger Yorkshire Terrier.

Die Hunde sind durch und durch gesellschaftliche Wesen und wollen am täglichen Leben ihrer Menschen teilhaben. Was immer man macht – ob man kocht, putzt oder Fernsehen sieht, Yorkies wollen immer dabei sein. Wenn sie Aufmerksamkeit und Zuwendung wollen und man dies ihnen nicht freiwillig gibt, dann fordern sie es ein. Da Yorkshire Terrier nicht gerne alleine sind, sollte man sich einen solchen Hund nur anschaffen, wenn man auch die Zeit für ihn hat.

Yorkshire Terrier sind in der Anschaffung nicht ganz billig. Dafür können sie aber – bei entsprechender Haltung – sehr alt werden.

Ob ein Yorkie ein Hund zum Schmusen und Spielen, zum Wandern, zum Autofahren, für die Wohnung, zum Katzen- und Mäusejäger oder zum Verteidiger von Haus & Hof wird, hängt ganz davon ab zu was und wie er erzogen wird.

Eins ist jedoch sicher – fühlt ein Yorkshire Terrier sich wohl, belohnt er seine Menschen mit dankbarer Anhänglichkeit.

ANHANG

Was braucht der Yorkie – Einkaufsliste

O Futter- und Wassernapf

O Futter

O Halsband und Leine

O Ein Körbchen und Spielzeug

O Etwas wo er drauf herumbeißen kann

O Nagelschere zum Schneiden der Krallen

O Einen Kamm und eine weiche Bürste für sein Fell

O Mittel gegen äußere Parasiten (Flöhe, Zecken, etc.)

O Wurmkuren (bei Befall)

O Zahnpflegeprodukte

O Eine Haftpflichtversicherung

Ferner
Viel Zuwendung, Auslauf und Pflege

Was ist zu beachten

- Einmalige Impfungen (Pflicht)
- Jährliche Impfungen (optional)
- Er muss genauso, wie seine großen Freunde Steuern zahlen.
- Sein Fell muss regelmäßig gepflegt und seine Krallen müssen regelmäßig geschnitten werden.

Eine kleine Entscheidungshilfe - Bevor man sich einen Hund zulegt, sollte man sich die folgenden Fragen überlegen:

- Will ich einen Hund mit Strammbaum oder nicht?
- Wie ist der Charakter des Hundes? Ist der Hund kinderfreundlich oder nicht?
- Was braucht der Hund? Ist es ein lebhafter Hund, der viel Bewegung und Auslauf braucht?
- Passt der Hund zu mir? Ist er tagsüber alleine oder habe ich jemand, der den Hund ausführt?
- Wo will ich den Hund halten? In einer Etagenwohnung oder in einem Haus mit Garten.
- Wo kommt der Hund her – aus dem Tierheim oder von einem Vorbesitzer direkt?
- Was weiß ich über den Vorbesitzer und über den Hund selbst?
- Weshalb hat der vorhergehende Tierhalter den Hund weggeben?
- Wie wurde der Hund gehalten? Wurde er misshandelt oder nicht artgerecht gehalten?
- Ist der Hund körperlich und geistig gesund? Läuft und verhält er sich normal oder ist er verängstigt und kriecht in die Ecke.

Interessante Webseiten im Internet

http://www.drcarmenbauer.com/

http://www.irene-andreas.de/Home.html
(Züchterin von Osmilion Yorkshire Terrier)

http://www.Yorkshire Terrier-journal.de/

http://www.dogs-magazin.de/

http://www.hunde-fan.de/

http://www.drei-hunde-nacht.eu/index.html
(Hundefutter aus rohen, frischen Nahrungsmitteln
BARF = Bones And Raw Food)

http://www.mkd-shop.ch/man_darf.php
(Frischwaren, die man füttern darf).

FEDERATION CYNOLOGIQUE INTERNATIONALE
(AISBL)

SECRETARIAT GENERAL: 13, Place Albert 1er B – 6530 Thuin
(Belgique)

Standard Nr. 86 / 03. 02. 2010 / D

YORKSHIRE TERRIER

ÜBERSETZUNG: Frau Wiebke Steen.

URSPRUNG: Großbritannien.

DATUM DER PUBLIKATION DES GÜLTIGEN ORIGINAL-STANDARDS : 26. 03. 2009.

VERWENDUNG: Gesellschaftshund.
KLASSIFIKATION FCI: Gruppe 3 Terrier.
Sektion 4 Zwerg Terrier.
Ohne Arbeitsprüfung.

ALLGEMEINES ERSCHEINUNGSBILD: Langhaarig, das Haar hängt glatt und gleichmäßig beiderseits herab, ein Scheitel reicht von der Nase bis zur Rutenspitze. Sehr kompakt und adrett, aufrecht in der Haltung und ein Fluidum von « Wichtigkeit » ausstrahlend. Die Konturen sollen einen kernigen und gut proportionierten Körper erkennen lassen.

VERHALTEN UND CHARAKTER (WESEN): Reger und intelligenter Zwerg-Terrier. Lebhaft bei ausgeglichenen Wesens-anlagen.

KOPF

OBERKOPF:
Schädel: Ziemlich klein und flach, Schädel nicht auffallend oder zu gerundet.

GESICHTSSCHÄDEL:
Nasenschwamm: Schwarz.
Fang: Nicht zu lang.

Kiefer / Zähne: Perfektes, regelmäßiges und vollständiges Scherengebiss, wobei die obere Schneidezahnreihe ohne Zwischenraum über die untere greift und die Zähne senkrecht im Kiefer stehen.
Augen: Mittelgroß, dunkel, glänzend, mit wachsamem, intelligentem Ausdruck und so platziert, dass sie geradeaus blicken. Nicht hervorstehend. Augenlider dunkel.
Ohren: Klein, V-förmig, aufrecht getragen, nicht zu weit auseinanderstehend, mit kurzem Haar von satter, kräftiger Tan-Farbe bedeckt.

HALS: Von guter Länge.

KÖRPER: Kompakt.
Rücken: Eben.
Lenden: Gut durch Muskeln gestützt.
Rippen: Mäßig gewölbt.

RUTE: **Früher** üblicherweise kupiert.
Kupiert: Von mittlerer Länge, reich mit Haar bewachsen, das dunkler blau ist als das restliche Körperhaar, insbesondere am Rutenende. Etwas oberhalb der Rückenlinie getragen.
Unkupiert: Reich mit Haar bewachsen, das dunkler blau ist als das restliche Körperhaar, insbesondere am Rutenende. Etwas oberhalb der Rückenlinie getragen. So gerade wie möglich. In ihrer Länge zur Harmonie der Gesamterscheinung beitragend.

GLIEDMASSEN

VORDERHAND: Läufe gerade, gut mit Haar von sattem goldenem Tan bedeckt, wobei die Haarspitzen etwas heller schattiert sind als die Haarwurzeln. An den Vorderläufen darf das Tan nicht höher als bis zu den Ellenbogen reichen.
Schultern: Gut gelagert.

HINTERHAND: Von hinten betrachtet sind die Läufe ganz gerade, gemäßigte Winkelung der Kniegelenke; gut mit Haar von sattem, goldenem Tan bedeckt, wobei die Haarspitzen etwas heller schattiert sind als an der Haarwurzel. Das Tan darf nicht höher als bis zu den Kniegelenken reichen.

PFOTEN: Rund, schwarze Krallen.

GANGWERK: Frei und mit viel Schub, geradeaus gerichtete Bewegung in Vor- und Hinterhand, bei ebener Rückenlinie.

HAARKLEID

HAAR: Körperhaar von mittlerer Länge, völlig gerade (nicht wellig), glänzend; von feiner seidiger Textur, nicht wollig. Das herabhängende Haar am Kopf und Fang (« fall ») ist lang, hat eine satte, goldene Tan-Farbe; dabei in der Farbe intensiver seitlich am Kopf, am Ohrenansatz und am Fang, wo es besonders lang sein sollte. Die Tan-Farbe am Kopf darf sich nicht in den Nacken ausbreiten; sie darf nicht rußig oder mit dunklem Haar vermischt sein.

FARBE: Dunkles Stahlblau (nicht silberblau) erstreckt sich vom Hinterhauptbein bis zum Rutenansatz, keinesfalls vermischt mit falbfarbenem, bronzefarbenem oder dunklem Haar. Das Haarkleid an der Brust hat ein volles, helles Tan. Alle tanfarbenen Haare sind an der Wurzel dunkler als in der Mitte und werden zur Spitze hin noch heller.

GEWICHT: Gewicht bis 3,1 kg (7 livres anglaises).

FEHLER: Jede Abweichung von den vorgenannten Punkten muss als Fehler angesehen werden, dessen Bewertung in genauem Verhältnis zum Grad der Abweichung stehen sollte und dessen Einfluss auf die Gesundheit und das Wohlbefinden des Hundes zu beachten ist.

Hunde, die deutlich physische Abnormalitäten oder Verhaltensstörungen aufweisen, müssen disqualifiziert werden.

N.B. Rüden müssen zwei offensichtlich normal entwickelte Hoden aufweisen, die sich vollständig im Hodensack befinden.